Die Berechnung verankerter Hängebrücken

Von

Dr. Ing. Hans H. Bleich

Mit 47 Abbildungen im Text

Wien
Verlag von Julius Springer
1935

ISBN-13:978-3-7091-9733-2 e-ISBN-13:978-3-7091-9980-0
DOI: 10.1007/978-3-7091-9980-0

Vorwort.

Der Verfasser hat sich die Aufgabe gestellt, dem Statiker ein allgemeines Verfahren zur genauen Berechnung der in Widerlagern verankerten Hängebrücken bei Berücksichtigung der Formänderungen in die Hand zu geben. Das Verfahren soll auf ein- oder mehrfeldrige Hängebrücken mit einfachen oder durchlaufenden Versteifungsträgern anwendbar sein, und auch die Berücksichtigung einer Veränderlichkeit des Trägheitsmomentes des Versteifungsträgers gestatten. Die Möglichkeit, den Querschnittsveränderungen des Versteifungsträgers Rechnung tragen zu können, ist Voraussetzung für die genaue Berechnung von Hängebrücken mit durchlaufenden Versteifungsträgern, da gerade bei derartigen Brücken häufig nennenswerte Querschnittsänderungen, z. B. durch Veränderung der Trägerhöhen, in Betracht kommen. Um ein ganz allgemeines, diesen Anforderungen entsprechendes Verfahren auszubilden, wurde ein bemerkenswerter Zusammenhang zwischen den Lösungen der Differentialgleichung des Hängebrückenproblems und den Knickbiegelinien des als schlanken Druckstab aufgefaßten Versteifungsträgers herangezogen.

Die Darstellung in diesem Buche umfaßt nicht nur die theoretische Entwicklung des in seiner allgemeinen Form neuartigen Verfahrens, sondern führt bis zu den für die praktische Rechnung geeigneten Formeln und Regeln. In vier ausführlichen Zahlenbeispielen ist die rechnerische Anwendung in einer als Vorlage geeigneten Form durchgeführt.

Eine wesentliche Schwierigkeit bei der genauen Berechnung von Hängebrücken tritt bei der Ermittlung der ungünstigsten Laststellungen auf. Dieser Schwierigkeit, mit der alle bisher bekannten Verfahren zu kämpfen hatten, versucht der Verfasser durch Angabe einer Methode zur unmittelbaren Festlegung der ungünstigsten Laststellungen abzuhelfen.

Im Anschluß an die Darstellung des Hauptproblems, die den ersten Teil des Buches ausfüllt, wurden im zweiten Teil einige weitere Aufgaben der Hängebrückenstatik behandelt. Die hier erörterten Fragen sind: Die Berechnung von Hängebrücken mit eingespannten Türmen, Die unversteifte Kette, Die Berechnung der Eigenschwingungen von Hängebrücken, und schließlich die wichtige Frage der Windberechnung von Hängebrücken. Auch im zweiten Teil war der Verfasser bestrebt, die vorgeführten Berechnungsmethoden so auszugestalten, daß sie zur praktischen Anwendung unmittelbar geeignet sind.

Wien, im Dezember 1934. **Der Verfasser.**

Inhaltsverzeichnis.

Erster Teil.

Die genaue Berechnung verankerter Hängebrücken.

Seite

a) Einleitung 1
b) Aufstellung der grundlegenden Gleichungen 3
c) Allgemeine Darstellung der Lösung der Differentialgleichung des Hängebrückenproblems 7
d) Ermittlung der Eigenlösungen der homogenen Differentialgleichung 14
e) Bemerkungen zum praktischen Rechnungsgang 23
f) Die ungünstigsten Laststellungen 26
g) Zusammenstellung der Berechnungsformeln für die wichtigsten Hängebrückensysteme 31
h) Zahlenbeispiele 53

Zweiter Teil.

Ergänzende Erörterungen über besondere Fragen der Statik der Hängebrücken.

a) Hängebrücken mit eingespannten Türmen 83
b) Verwendung der Näherungstheorie zur Vorbemessung von Hängebrücken 88
c) Die unversteifte Kette 89
d) Eigenschwingungen von Hängebrücken 91
e) Berechnung von Hängebrücken unter Windbelastung 95

Erster Teil.

Die genaue Berechnung verankerter Hängebrücken.

a) Einleitung.

Die verankerten Hängebrücken gehören zu den sogenannten nachgiebigen Systemen, das sind elastische Systeme, deren Formänderungen von bestimmendem Einfluß auf die Größe und Verteilung der inneren Kräfte sind. Ihre richtige Berechnung ist daher grundsätzlich von der Berechnung der üblichen steifen Tragwerke, wie Balken- und Bogenträger, verschieden. Dieses eigenartige Verhalten ist in dem Umstand begründet, daß sich die Biegungsmomente im Versteifungsträger in der Form $M = \mathfrak{M} - Hy$, als Differenz zweier großer Zahlen ergeben. Die Herabminderung des Balkenmomentes $\mathfrak{M}$ im Versteifungsträger durch das vom Horizontalzug H der Kette verursachte Moment Hy ist in der Regel so bedeutend, daß M nur einen ganz geringen Bruchteil, oft nur wenige Hundertteile von $\mathfrak{M}$ ausmacht. Es ist daher begreiflich, daß eine Veränderung des Hebels y infolge der oft ansehnlichen Durchbiegung des Versteifungsträgers den Wert von M maßgebend beeinflußt. Es geht daher nicht an, bei Hängebrücken den Einfluß der Formänderungen auf die Form des der Rechnung zugrunde gelegten Systems zu vernachlässigen, wie es sonst in der Baustatik üblich ist. Wir werden in diesem Buche die Berechnung der Hängebrücken unter Berücksichtigung der Änderungen, die die Verformungen in den Gleichgewichtsbedingungen hervorrufen, als „Genaue Theorie" bezeichnen, während die Berechnung nach den üblichen Regeln der Statik, wo dieser Einfluß vernachlässigt wird, kurz „Näherungstheorie" genannt werden wird. Von vornherein sei betont, daß die strengere Berechnung nach der genauen Theorie in allen Fällen kleinere Momente und Querkräfte für die Bemessung des Versteifungsträgers liefert, als die Näherungstheorie. Gleiches gilt auch für die Durchbiegungen. Der Mehraufwand an Arbeit, den die genauere Berechnung verursacht, kommt gegenüber den bedeutenden wirtschaftlichen Vorteilen für den Brückenentwurf gar nicht in Frage. Das Maß dieser Ersparnisse wird vielfach unterschätzt und ist bei richtig entworfenen Hängebrücken selbst bei Stützweiten von 200 m schon recht ansehnlich. Bei ganz großen Brücken mit sehr schwachem Versteifungsträger, wie sie derzeit in Amerika ausgeführt werden, führt die Berechnung nach der Näherungstheorie überhaupt zu unsinnigen Ergebnissen.

Die Berechnung in sich verankerter Hängebrücken ist nicht Gegenstand dieser Arbeit, da die Formänderungen bei derartigen Hängebrücken keinen merklichen Einfluß auf Durchbiegungen oder Momente ausüben und daher die übliche Rechnung als ausreichend anzusehen ist.

Es ist das außerordentliche Verdienst J. Melans, schon 1888 auf die Notwendigkeit, die Formänderungen bei der Berechnung der Hängebrücken zu berücksichtigen, hingewiesen zu haben. Er war es auch, der das erste genauere Berechnungsverfahren angegeben hat, das dann von Moisseiff und Turneaure beim Bau der Manhattanbrücke 1910 verwendet wurde und das unter dem Namen „deflection theory" auch bei weiteren Ausführungen in Amerika Anwendung gefunden hat.[1]) Die Anwendung des Verfahrens beschränkte sich bis in die jüngste Zeit auf Hängebrücken mit einfachen Balken als Versteifungsträger. In neueren Arbeiten entwickeln Steinman und Timoschenko auch die Berechnungsformeln für den Durchlaufbalken.[2]) Voraussetzung ist es aber in allen Fällen, daß das Trägheitsmoment des Versteifungsträgers innerhalb einer Öffnung unveränderlich ist oder zumindest als unveränderlich angenommen werden kann. In Frankreich hat Résal 1912 auf ähnlichem Wege wie Melan das Hängebrückenproblem behandelt.[3])

Einen grundsätzlich anderen Weg als Melan hat S. Timoschenko in einer früheren Arbeit eingeschlagen, in der er die Durchbiegung η des Versteifungsträgers in Fourierschen Reihen entwickelt.[4]) Das Verfahren ist aber auf den Fall beschränkt, wo das versteifende System aus einzelnen Balken besteht, da bei Durchlauf- oder Gelenkbalken die Darstellung der Biegelinien durch Fouriersche Reihen nicht mehr möglich ist.

Die Berechnung der Durchbiegung einer einfeldrigen Hängebrücke unter Annahme veränderlichen Trägheitsmomentes mit Hilfe eines Fourieransatzes hat F. Bleich durchgeführt.[5]) Seine Ansätze wurden von W. Blick übernommen und auf die Berechnung der Momente im Versteifungsträger angewendet.[6]) Das Rechnen mit Fourierreihen erscheint aber bei Trägern mit veränderlichen Trägheitsmomenten überaus langwierig und ist, wie alle Methoden, die mit Sinusreihen arbeiten, auf Hängebrücken mit mehrfeldrigen, durchlaufenden Versteifungsträgern nicht anwendbar.

Von Grüning[7]) stammt ein Verfahren, welches die Berechnung von Hängebrücken mit kontinuierlichen Versteifungsträgern bei veränderlichem Trägheitsmoment gestattet. Das Verfahren erfordert jedoch bei jeder Laststellung die Auflösung eines linearen Gleichungssystems mit soviel Unbekannten, als die **Hängebrücke** Hängestangen hat, und ist daher sehr mühevoll.

---

[1]) Melan, J.: Handbuch der Ingenieurwissenschaften, 4. Aufl., II. Abt., VI. Bd., 1925.

[2]) Steinman, D. B.: A Generalized deflection theory for suspension bridges. Proc. of the Am. Soc. of C. E. 1934, S. 323, wiederabgedruckt in den Abh. d. Int. Ver. f. Brückenbau u. Hochbau, 2. Bd. Zürich 1934. — Timoschenko, S.: Suspension bridges with a continuous stiffening truss. Abh. d. Int. Ver. f. Brückenbau u. Hochbau, 2. Bd. Zürich 1934.

[3]) Résal, J.: Cours des Ponts métalliques. Paris 1912.

[4]) Timoschenko, S.: Steifigkeit von Hängebrücken. Z. a. M. M. 1928.

[5]) Bleich-Melan: Die gewöhnlichen und partiellen Differenzengleichungen der Baustatik. Berlin 1927, S. 203.

[6]) Blick, W.: Einfluß der Formänderungen auf die Größe der statischen Funktion von versteiften Hängebrücken und die wirtschaftliche Auswirkung der Berücksichtigung der Formänderungen. Dissertation. Berlin 1931. Siehe auch Z. V. D. I. 1933, S. 921.

[7]) Grüning, M.: Der Eisenbau I. Berlin 1929.

Die bedeutenden Vorzüge, die die Berechnungsweise mittels Sinusreihen besitzt, legten dem Verfasser den Gedanken nahe, diese Methode dadurch zu verallgemeinern, daß zum Ausgangspunkt des Verfahrens im allgemeinen nicht Sinuslinien, sondern andere, den besonderen Verhältnissen des Versteifungsträgers angepaßte Funktionen, die sich als Eigenlösungen eines verwandten Problems darbieten, benützt werden. Es werden hiermit folgende Vorteile erzielt: Die neue Berechnungsmethode kann auf jedes Hängebrückensystem angewendet werden, gleichgültig welchem Balkensystem der Versteifungsträger angehört und gleichgültig ob dieser konstantes oder irgendwie veränderliches Trägheitsmoment aufweist. Die besonderen Ansatzfunktionen, in denen bereits die Lagerungsweise sowie die Materialverteilung des Versteifungsträgers zum Ausdruck kommen, gestatten die Ausnützung der zwischen den Ausgangsfunktionen bestehenden Orthogonalitätsbeziehungen, so daß die Ergebnisse außerordentlich vereinfacht werden und die Zahlenrechnung auf ein verhältnismäßig bescheidenes Maß beschränkt wird.

Im Anwendungsfalle zerfällt die genaue Berechnung einer Hängebrücke nach der in diesem Buche dargestellten Methode in zwei scharf voneinander geschiedene Teile: in die Berechnung der Entwicklungsfunktionen, eine Arbeit, die bei Festliegen des Systems des Versteifungsträgers und seiner Querschnitte nur einmal durchzuführen ist, und in die Ermittlung der Größtmomente und Größtquerkräfte, sowie der Durchbiegungen, für die Formeln entwickelt werden, wobei der zugehörende Wert der Kettenkraft H jeweils aus einer nur aus wenigen Gliedern bestehenden algebraischen Gleichung zu bestimmen ist.

Ein eigener Abschnitt wurde der Ermittlung der ungünstigsten Laststellungen gewidmet. Diese Frage erfordert eine eigene Untersuchung, da infolge der Ungültigkeit des Superpositionsgesetzes die sonst in der Baustatik üblichen Wege versagen. Man hat bisher die ungünstigsten Laststellungen durch Probieren gefunden. Da aber zu diesem Zwecke wenigstens drei Lastfälle zur Ermittlung einer ungünstigsten Laststellung berechnet werden müssen, so ist dieser Vorgang sehr zeitraubend. Es wurde daher in Abschnitt f ein Näherungsverfahren zur raschen Ermittlung der ungünstigsten Laststellungen angegeben. Die Ermittlung einer ungünstigsten Laststellung nach diesem Verfahren macht weniger Arbeit als die Berechnung der Momente oder Durchbiegungen für einen einzelnen Lastfall, so daß die Verwendung dieses Verfahrens eine erhebliche Arbeitsersparnis bedeutet.

In Abschnitt g sind für neun wichtige Hängebrückentypen alle für die praktische Rechnung erforderlichen Formeln gebrauchsfertig zusammengestellt, wobei auch die Gleichungen zur Berechnung der ungünstigsten Laststellungen aufgenommen sind.

b) Aufstellung der grundlegenden Gleichungen.

Die folgenden Untersuchungen beschäftigen sich mit ein- oder mehrfeldrigen statisch unbestimmten Hängebrücken mit nicht eingespannten Türmen (Pendelportalen).[1] Es wird keine Voraussetzung über das System des Versteifungsträgers

[1] Statisch bestimmte Hängebrücken lassen wir außer Betracht, da solche Brücken kaum ausgeführt werden.

gemacht; dieser kann aus einzelnen Balken bestehen oder auch ein durchlaufender Balken mit Gelenken oder ohne solche sein. Die irgendwie belastete Brücke weise an der Stelle x, Abb. 1, die ständige Last $g(x)$ und die Nutzlast $p(x)$ auf. Die Horizontalkomponente des Zuges in der Kette oder dem Kabel ist an allen Stellen gleich. Der unter dem Eigengewicht bei Normaltemperatur auftretende Horizontalzug wird mit H_g bezeichnet. Infolge Belastung mit der Nutzlast und Änderung der Temperatur wächst der Horizontalzug auf den Wert H. Mit H_p bezeichnen wir die Differenz

$$H_p = H - H_g.$$

Das von Ort zu Ort veränderliche Trägheitsmoment des Versteifungsbalkens sei $J(x)$, wobei einem Fachwerkträger entsprechend seiner Biegesteifigkeit ein Wertsystem $J(x)$ zugeordnet wird. Mit $\eta(x)$ und $y(x)$ bezeichnen wir die Durchbiegung und den statisch wirksamen Durchhang des Kabels. Wir vernachlässigen die Längenänderungen der Hängestangen, so daß $\eta(x)$ auch die Durchbiegung des Versteifungsträgers angibt, und nehmen vorläufig an, daß die Hängestangenkräfte nicht als Einzellasten, sondern als stetig verteilte Lasten wirken.

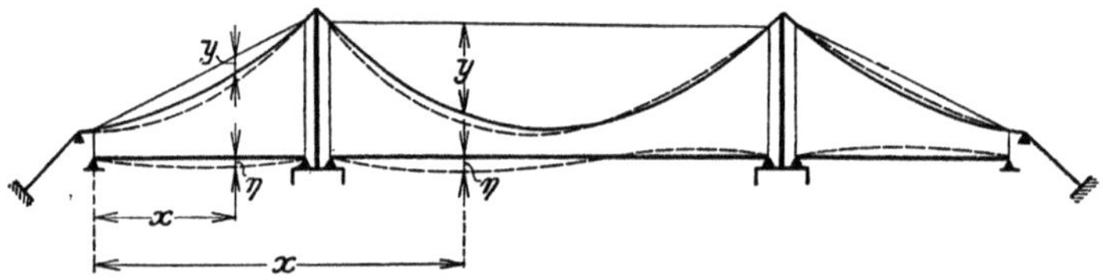

Abb. 1.

In der belasteten Brücke ist der Durchhang des Kabels $y(x) + \eta(x)$ und die Kabelzugkraft $H = H_g + H_p$. An dem Versteifungsträger greifen außer den Lasten $g(x)$ und $p(x)$ noch die Hängestangenkräfte $z(x)$ an, die sich aus der bekannten Differentialgleichung der Seillinie

$$z(x) = -H \frac{d^2}{dx^2} [y(x) + \eta(x)]$$

ergeben. Die gesamte Belastung $q(x)$ des Versteifungsträgers hat sonach den Wert

$$q(x) = g(x) + p(x) - z(x) = g(x) + p(x) + (H_g + H_p) [y''(x) + \eta''(x)].$$

Nimmt man an, daß die ständige Last $g(x)$ durch einen geeigneten Montagevorgang vom Kabel allein getragen wird, so ist

$$g(x) + H_g \, y''(x) = 0$$

und daher

$$q(x) = p(x) + H_p \, y''(x) + H \, \eta''(x) \quad \ldots \ldots \ldots \quad (1)$$

Es ist hierbei zu beachten, daß $y(x)$ den wirksamen Kabeldurchhang der mit dem Eigengewicht belasteten Brücke bedeutet.[1])

Andererseits besteht zwischen der Biegelinie $\eta(x)$ des Versteifungsträgers und dem Moment $M(x)$ im Versteifungsträger die Differentialbeziehung

$$E J(x) \, \eta''(x) = - M(x), \quad \ldots \ldots \ldots \ldots \quad (2)$$

[1]) Siehe auch die Erörterungen auf S. 24.

die nach zweimaliger Differentiation

$$[EJ(x)\,\eta''(x)]'' = -M''(x) = q(x)$$

ergibt. Setzt man $q(x)$ aus Gl. (1) ein, so gelangt man zu der Differentialgleichung des Hängebrückenproblems

$$[EJ(x)\,\eta''(x)]'' - H\,\eta''(x) = p(x) + H_p\,y''(x). \quad \ldots\ldots (3)$$

Die Biegelinie $\eta(x)$ setzt sich im allgemeinen aus mehreren Ästen zusammen, deren jeder der Differentialgleichung (3) genügt. Jedes Zwischenauflager bei mehrfeldrigen Brücken und jedes Gelenk trennt zwei solche Äste. Die Bedingungen, welchen zwei Zweige der Biegelinie in einem solchen Trennungspunkt genügen müssen, sind als Randbedingungen der Differentialgleichungen (3) zu beachten. Ohne auf die besondere Form dieser Randbedingungen einzugehen, sei bemerkt,

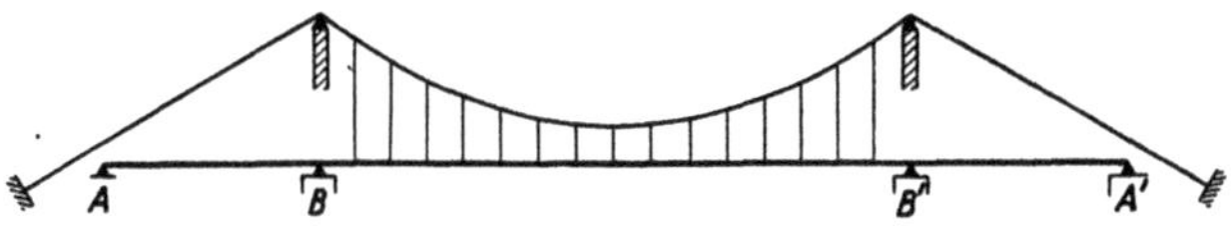

Abb. 2.

daß sie bei statisch unbestimmten Hängebrücken immer homogen sind, d. h. sie bringen zum Ausdruck, daß am Rande entweder $\eta(x)$ selbst oder einer seiner Differentialquotienten verschwindet, oder daß eine lineare Verbindung solcher Größen Null wird.

Bei der Ableitung der Differentialgleichung (3) wurde ein Ausnahmsfall stillschweigend übergangen. Wenn bei mehrfeldrigen Brücken der durchlaufende Versteifungsträger nicht in allen Öffnungen an der Kette aufgehängt ist, so lautet die Differentialgleichung für die Durchbiegung $\eta(x)$ des Versteifungsträgers in jenen Öffnungen, wo der Versteifungsträger sich frei trägt,

$$[EJ(x)\,\eta''(x)]'' = p(x), \quad \ldots\ldots (3')$$

während in den durch die Kette getragenen Öffnungen Gl. (3) gültig bleibt. Ein derartiger Fall ist z. B. in Abb. 2 dargestellt. In diesem Falle ist in den Bereichen A—B und B'—A' Gl. (3'), im Bereich B—B' Gl. (3) anzuwenden. Bei der Erörterung der Auflösung der Differentialgleichung (3) werden wir uns mit diesem Sonderfall weiter beschäftigen.

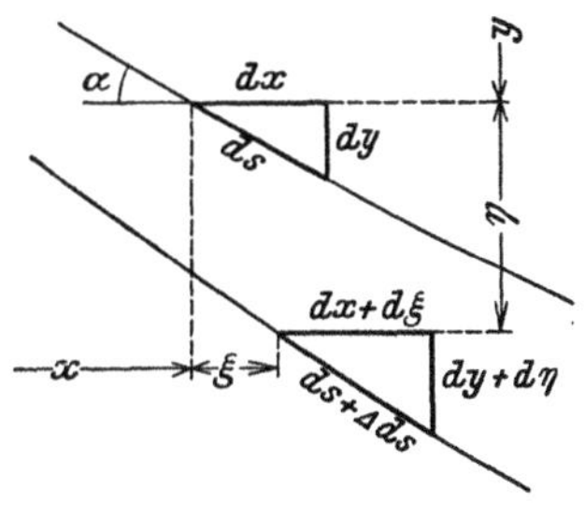

Abb. 3.

In der Differentialgleichung (3) tritt noch die unbekannte Größe H_p bzw. $H = H_g + H_p$ auf, zu deren Ermittlung noch eine weitere Verknüpfung aufgestellt werden muß, H_g selbst setzen wir als bekannt voraus. Diese Gleichung kann aus der Bedingung gewonnen werden, daß die Länge der Horizontalprojektion des Kabels zwischen den beiden Endverankerungen unveränderlich bleiben muß.

Ein Element ds des Kabels habe die Horizontal- und Vertikalprojektion dx und dy, Abb. 3. Nach Belastung der Brücke hat sich dieses Element um die Beträge ξ und η in horizontaler und vertikaler Richtung verschoben und infolge

Änderung der Kabelkraft seine Länge um $\Delta\, ds$ verändert, so daß die Projektionen ihre Längen um $d\xi$ bzw. $d\eta$ vergrößern. Aus

$$(ds + \Delta\, ds)^2 = (dx + d\xi)^2 + (dy + d\eta)^2$$

folgt bei Vernachlässigung von Größen höherer Kleinheitsordnung

$$\Delta\, ds \,.\, ds = d\xi \,.\, dx + d\eta \,.\, dy$$

und daraus

$$d\xi = \Delta\, ds \frac{ds}{dx} - d\eta \frac{dy}{dx}.$$

Nun ist die Dehnung $\Delta\, ds$, wenn E_k und F_k Elastizitätsmodul und Fläche des Hängegurtes, $\pm t$ die Temperaturänderung, ε den Temperaturausdehnungskoeffizienten bedeuten, gleich

$$\Delta\, ds = \frac{H_p\, ds}{E_k F_k \cos\alpha} \pm \varepsilon t\, ds.$$

Beachtet man, daß $\frac{dx}{ds} = \cos\alpha$ ist, so ergibt sich nach Einführung von $\Delta\, ds$ in die oben gewonnene Gleichung für $d\xi$

$$d\xi = \frac{H_p\, dx}{E_k F_k \cos^3\alpha} \pm \frac{\varepsilon t\, dx}{\cos^2\alpha} - \frac{d\eta}{dx}\frac{dy}{dx}\, dx.$$

Nun muß wegen der Unverschieblichkeit der Seilenden an den Verankerungsstellen

$$\int d\xi = \frac{H_p}{E_k F_k^0} \int \frac{F_k{}^0\, dx}{F_k \cos^3\alpha} \pm \varepsilon t \int \frac{dx}{\cos^2\alpha} - \int \frac{dy}{dx}\frac{d\eta}{dx}\, dx = 0 \quad . \; . \; . \; (4)$$

sein, wobei die Integrale über die ganze Kabellänge von Verankerung zu Verankerung zu erstrecken sind. F_k wurde hierbei allgemein als veränderlich angenommen. F_k^0 bezeichnet eine beliebig gewählte Vergleichsfläche. Das letzte Glied der Gl. (4) läßt sich durch partielle Integration noch umformen; es besteht nämlich die Beziehung

$$\int \frac{dy}{dx}\frac{d\eta}{dx}\, dx = - \int \frac{d^2y}{dx^2}\, \eta\, dx. \quad . \; . \; . \; . \; . \; . \; . \; . \; . \; . \; (5)$$

Auch dieses letzte Integral ist im allgemeinen über die ganze Kabellänge zu erstrecken. Nun ist aber in jenen Teilen des Kabels, an welche kein Versteifungsträger angehängt ist (wie etwa in den Abspannungen einer einfeldrigen Brücke), sowohl der ursprüngliche Durchhang $y(x)$ als auch seine Änderung $\eta(x)$ klein, so daß in solchen Fällen dieser Teil des Integrals, Gl. (5), vernachlässigt werden kann.

Man wird daher Integral (5) nur über jene Bereiche erstrecken, an denen Versteifungsträger hängen. $\eta(x)$ ist, da die Längenänderungen der Hängestangen vernachlässigt werden, die durch die Differentialgleichung (3) festgelegte Durchbiegung des Versteifungsträgers. Mit den Abkürzungen

$$L = \int \frac{F_k^0\, dx}{F_k \cos^3\alpha}, \qquad L_t = \int \frac{dx}{\cos^2\alpha} \quad . \; . \; . \; . \; . \; . \; . \; (6)$$

folgt aus den Gleichungen (4) und (5)

$$H_p \frac{L}{E_k F_k^0} \pm \varepsilon t L_t + \int \frac{d^2y}{dx^2}\, \eta(x)\, dx = 0. \quad . \; . \; . \; . \; . \; . \; . \; . \; (7)$$

Differentialgleichung (3) mit ihren Randbedingungen und Gleichung (7) bestimmen die Durchbiegung $\eta(x)$ sowie den Horizontalzug H_p, womit das Prohlem der Hängebrücke grundsätzlich gelöst ist.

Im folgenden Absatz wird die Lösung $\eta(x)$ der Differentialgleichung (3), welche H_p noch in allgemeiner Form enthält, dargestellt und H_p durch Einsetzen dieser Lösung in Gl. (7) bestimmt. Ist H_p bekannt, so können schließlich die Durchbiegung $\eta(x)$ und die Momente und Querkräfte des Versteifungsträgers berechnet werden.

c) Allgemeine Darstellung der Lösung der Differentialgleichung des Hängebrückenproblems.

Hängebrücken mit in allen Feldern an der Kette aufgehängten Versteifungsträgern.

In diesem Falle gilt in allen Feldern die Differentialgleichung (3), die wir nochmals anschreiben.

$$[EJ(x)\,\eta''(x)]'' - H\,\eta''(x) = p(x) + H_p\,y''(x). \quad \ldots\ldots \quad (8)$$

Die Lösung der inhomogenen Differentialgleichung (8) mit beliebigen, aber homogenen Randbedingungen läßt sich in einfacher Weise darstellen, wenn man die Lösungen der homogenen Differentialgleichung

$$[EJ(x)\,\eta''(x)]'' + \lambda\,\eta''(x) = 0 \quad \ldots\ldots\ldots \quad (9)$$

mit den gleichen homogenen Randbedingungen kennt.

Es ist bekannt, daß eine solche homogene Differentialgleichung mit homogenen Randbedingungen nur für gewisse, ausgezeichnete Werte von λ, die sogenannten Eigenwerte λ_i, von Null verschiedene Lösungen besitzt. Die zum Eigenwerte λ_i gehörige Lösung heißt Eigenlösung φ_i, sie erfüllt die Differentialgleichung

$$[EJ(x)\,\varphi_i''(x)]'' + \lambda_i\,\varphi_i''(x) = 0. \quad \ldots\ldots\ldots\ldots \quad (9')$$

Da die Randbedingungen, welchen $\varphi_i(x)$ genügt, homogen sind, ist jede Eigenlösung $\varphi_i(x)$ nur bis auf einen willkürlichen Faktor bestimmt. Dieser Faktor soll so gewählt werden, daß das über den ganzen Versteifungsträger genommene Integral

$$\int [\varphi_i'(x)]^2\,dx = 1 \quad \ldots\ldots\ldots\ldots\ldots \quad (10)$$

ist. Wir bezeichnen dann die Lösungen $\varphi_i(x)$ als normiert.

Die homogene Differentialgleichung (9) läßt eine anschauliche mechanische Deutung zu. Betrachtet man den von der Kette losgelösten Versteifungsträger als dünnen Stab unter der Wirkung einer Längsdruckkraft λ, so erhält man als Differentialgleichung des Knickproblems dieses Stabes gerade die Differentialgleichung (9). Da infolge der gleichen Lagerungsweise auch die Randbedingungen übereinstimmen, so sind die Eigenwerte λ_i die kritischen Lasten, die Eigenlösungen $\varphi_i(x)$ die zugehörigen Knickbiegelinien dieses Stabes. Im nächsten Abschnitt werden wir von dieser Übereinstimmung Gebrauch machen.

Zwischen den Eigenlösungen $\varphi_i(x)$ bestehen wichtige und sehr nützliche Orthogonalitätsbeziehungen, die hier kurz abgeleitet werden sollen. Wir multiplizieren Gleichung (9') für die Eigenlösung $\varphi_i(x)$ mit einer anderen Eigenlösung $\varphi_k(x)$ und integrieren über den ganzen Versteifungsträger. Man gewinnt so

$$\int [EJ(x)\,\varphi_i''(x)]''\,\varphi_k(x)\,dx + \lambda_i \int \varphi_i''(x)\,\varphi_k(x)\,dx = 0.$$

Führt man die partielle Integration beim ersten Summanden zweimal, beim zweiten einmal durch, so erhält man, da wegen der homogenen Randbedingungen, die auf den Rand bezüglichen Glieder verschwinden,

$$\int EJ(x)\,\varphi_i''(x)\,\varphi_k''(x)\,dx - \lambda_i \int \varphi_i'(x)\,\varphi_k'(x)\,dx = 0.$$

Diese Gleichung gilt für beliebige Werte i und k. Man darf daher auch i und k vertauschen und erhält dann die Gleichung

$$\int EJ(x)\,\varphi_k''(x)\,\varphi_i''(x)\,dx - \lambda_k \int \varphi_k'(x)\,\varphi_i'(x)\,dx = 0.$$

Subtrahiert man die beiden Gleichungen voneinander, so gelangt man zu der Verknüpfung

$$(\lambda_i - \lambda_k) \int \varphi_i'(x)\,\varphi_k'(x)\,dx = 0.$$

Wenn also $\lambda_i \neq \lambda_k$, d. h. wenn $i \neq k$, so ist

$$\int \varphi_i'(x)\,\varphi_k'(x)\,dx = 0\text{[1]}. \qquad (11)$$

Ist dagegen $i = k$, so ist der Wert dieses Integrals durch Gl. (10) bestimmt. Durch partielle Integration kann man Gl. (10) und (11) noch umformen. Man erhält dann

$$\int \varphi_i''(x)\,\varphi_k(x)\,dx = \begin{matrix} -1, & \text{wenn } i = k, \\ 0, & \text{wenn } i \neq k. \end{matrix} \qquad (12)$$

Nach dieser Vorbereitung können wir an die Bestimmung der Lösung $\eta(x)$ der Differentialgleichung (8) schreiten. Wir benützen dazu folgenden mathematischen Satz:

Die Lösung $\eta(x)$ der inhomogenen Differentialgleichung (8) mit durchwegs homogenen Randbedingungen läßt sich in einer gleichmäßig und absolut konvergenten unendlichen Reihe

$$\eta(x) = \sum_{i=1}^{\infty} d_i\,\varphi_i(x) \qquad (13)$$

darstellen, wobei $\varphi_i(x)$ die Eigenlösungen der homogenen Differentialgleichung (9) bei den gleichen Randbedingungen sind.[2])

---

[1]) Es kann der Fall vorkommen, daß ein Eigenwert mehrfach ist, d. h. daß zum gleichen Eigenwert $\lambda_i = \lambda_{i+1}$ zwei oder mehr voneinander unabhängige Eigenlösungen gehören. Dann versagt der oben angeführte Beweis für die Orthogonalität der beiden zum gleichen Eigenwert gehörenden Lösungen. Man hilft sich dann folgendermaßen: Da dann neben $\varphi_i(x)$, $\varphi_{i+1}(x)$ auch jede lineare Kombination $\overline{\varphi}_{i+1} = c_1\varphi_i + c_2\varphi_{i+1}$ eine Eigenlösung sein muß, so kann man c_1 und c_2 so wählen, daß auch zwischen φ_i und $\overline{\varphi}_{i+1}$ Orthogonalität besteht. Ersetzt man daher φ_{i+1} durch $\overline{\varphi}_{i+1}$, so ist die allgemeine Gültigkeit der Beziehung (11) wiederhergestellt.

[2]) Einen Beweis dieses Satzes hat der Verfasser in seiner von der Technischen Hochschule in Wien genehmigten Dissertation, Beitrag zur Berechnung verankerter Hängebrücken,

Zur Bestimmung der Beiwerte d_i setzt man die Reihe (13) in die Differentialgleichung (8) ein

$$\left[EJ(x)\sum_{i=1}^{\infty} d_i\,\varphi_i''(x)\right]'' - H\sum_{i=1}^{\infty} d_i\,\varphi_i''(x) = p(x) + H_p\,y''(x),$$

woraus nach Zusammenfassung der beiden Summen

$$\sum_{i=1}^{\infty} d_i\left\{\left[EJ(x)\,\varphi_i''(x)\right]'' - H\,\varphi_i''(x)\right\} = p(x) + H_p\,y''(x)$$

hervorgeht. Beachtet man Gl. (9'), welcher die Eigenlösungen $\varphi_i(x)$ genügen müssen, so erhält man

$$-\sum_{i=1}^{\infty} d_i\,(\lambda_i + H)\,\varphi_i''(x) = p(x) + H_p\,y''(x). \quad \ldots\ldots \quad (14)$$

Um die Beiwerte d_i zu erhalten, multiplizieren wir diese Gleichung beiderseits mit der Eigenlösung $\varphi_k(x)$ und integrieren über den ganzen Bereich. Wenn wir die Summe gliedweise integrieren, so ist

$$-\sum_{i=1}^{\infty} d_i\,(\lambda_i + H)\int \varphi_i''(x)\,\varphi_k(x)\,dx = \int p(x)\,\varphi_k(x)\,dx + H_p\int y''(x)\,\varphi_k(x)\,dx.$$

Infolge der Orthogonalitätsbeziehungen (12) verschwinden alle Glieder dieser Summe bis auf jenes mit $i = k$, so daß man schließlich die Gleichung

$$d_k\,(\lambda_k + H) = \int p(x)\,\varphi_k(x)\,dx - \frac{H_p}{H_g}\int g(x)\,\varphi_k(x)\,dx$$

gewinnt, wenn man noch die Seillinienbeziehung

$$y''(x) = -\frac{1}{H_g}\,g(x) \quad \ldots\ldots\ldots\ldots \quad (15)$$

beachtet.

Setzt man zur Abkürzung

$$a_i = \int p(x)\,\varphi_i(x)\,dx, \qquad b_i = -\frac{1}{H_g}\int g(x)\,\varphi_i(x)\,dx, \quad \ldots \quad (16)$$

wobei wieder i für k geschrieben wurde, so erhält man schließlich die Entwicklungskoeffizienten

$$d_i = \frac{a_i + b_i\,H_p}{\lambda_i + H}, \quad \ldots\ldots\ldots\ldots \quad (17)$$

womit sich die Formel für die Biegelinie

$$\eta(x) = \sum_{i=1}^{\infty} d_i\,\varphi_i(x) = \sum_{i=1}^{\infty} \frac{a_i + b_i\,H_p}{\lambda_i + H}\,\varphi_i(x) \quad \ldots\ldots \quad (18)$$

ergibt. Wir nennen in Hinkunft die Zahlen a_i Lastwerte, die Zahlen b_i Grundwerte.

---

geliefert. Von der Integralgleichung des Hängebrückenproblems ausgehend konnte aus den allgemeinen Sätzen der Theorie der Integralgleichungen das Bestehen der unendlichen Reihe (13) für die Biegelinie $\eta(x)$ gefolgert werden. In dieser Arbeit wurde auch der in diesem Buche nicht behandelte Fall der statisch bestimmten Hängebrücken erörtert.

Zur Bestimmung von H_p ist diese Reihe in Gl. (7)

$$\frac{H_p L}{E_k F_k^0} \pm \varepsilon t L_t + \int y''(x)\, \eta(x)\, dx = 0$$

einzusetzen. Führt man gleichzeitig für $y''(x)$ seinen Wert nach Gl. (15) ein, so erhält man, wenn man unter dem Summenzeichen gliedweise integriert,

$$\frac{H_p L}{E_k F_k^0} \pm \varepsilon t L_t - \frac{1}{H_g} \sum_{i=1}^{\infty} \frac{a_i + b_i H_p}{\lambda_i + H} \int g(x)\, \varphi_i(x)\, dx = 0$$

und mit Rücksicht auf die abkürzende Bezeichnung (16)

$$\frac{H_p L}{E_k F_k^0} \pm \varepsilon t L_t + \sum_{i=1}^{\infty} \frac{(a_i + b_i H_p)\, b_i}{\lambda_i + H_g + H_p} = 0. \quad \ldots \ldots \quad (19)$$

Die Auflösung dieser Gleichung nach H_p ist infolge der guten Konvergenz der darin enthaltenen Reihe nicht schwierig, da bei der praktischen Rechnung nur wenige Glieder derselben zu berücksichtigen sind. Bei symmetrischer Brückenanordnung werden die Glieder der Reihe mit geradzahligem i, die zu den antisymmetrischen Eigenlösungen $\varphi_i(x)$ gehören, Null, da die betreffenden b_i verschwinden, was die Zahlenrechnung erheblich vereinfacht.

Aus der Biegelinie $\eta(x)$ können nun die Momente und Querkräfte für den betreffenden Lastfall bestimmt werden. Wir bemerken aber, daß es nicht zweckmäßig ist, Momente und Querkräfte durch mehrmalige Differentiation aus $\eta(x)$ zu gewinnen, da hierdurch die Konvergenz der Reihe in Gl. (18) verschlechtert wird und man viel mehr Glieder berücksichtigen müßte, als wenn man die im folgenden abgeleiteten Beziehungen benützt.

Gemäß Gl. (1) ist die gesamte, aus äußerer Last und Hängestangenkräften bestehende Belastung des Versteifungsträgers

$$q(x) = p(x) + H_p\, y''(x) + H\, \eta''(x).$$

Setzt man in diese Gleichung $\eta(x)$ aus Gl. (18) ein, so ist

$$q(x) = p(x) + H_p\, y''(x) + \sum_{i=1}^{\infty} H\, d_i\, \varphi_i''(x).$$

Um das Moment $M(x)$ im Versteifungsträger zu erhalten, denke man sich den von der Kette freigemachten Versteifungsträger mit $q(x)$ belastet. Man kann nun den Momentenanteil von jedem der drei Summanden, aus denen $q(x)$ besteht, getrennt bestimmen. Von der Belastung $p(x)$ rührt ein Moment $\mathfrak{M}(x)$ her, das somit jenes Moment bedeutet, das die Belastung $p(x)$ im Versteifungsträger ohne Kette hervorruft. Das zweite Glied liefert ein Moment $-H_p\, \overline{y}(x)$, wobei der reduzierte Durchhang $\overline{y}(x)$ als jenes Moment aufgefaßt werden kann, welches bei einem Horizontalzug $H = -1$ in der Kette, an der Stelle x im Versteifungsträger auftritt. Im Sonderfalle einfacher Balkenträger als Versteifungsträger ist $\overline{y}(x) = y(x)$. Der reduzierte Durchhang $\overline{y}(x)$ tritt in gleicher Bedeutung schon in der üblichen Theorie der Hängebrücken auf und kann in bekannter Weise bestimmt werden. Um schließlich die von den Summengliedern $H\, d_i\, \varphi_i''(x)$ hervorgerufenen Momente in einfacher Weise ausdrücken zu können, erinnern wir uns, daß nach Gl. (9') die Eigenlösung $\varphi_i(x)$ der Differentialgleichung

$$[EJ(x)\, \varphi_i''(x)]'' + \lambda_i\, \varphi_i''(x) = 0$$

genügt, sowie allen jenen Randbedingungen, welche für $\eta(x)$ gelten. Es muß daher auch die zur Biegelinie $\varphi_i(x)$ gehörende Momentenlinie $\mu_i(x)$, welche durch die Gleichung

$$\mu_i(x) = -EJ(x)\,\varphi_i''(x) \quad \ldots \ldots \ldots \quad (20)$$

definiert ist, allen Randbedingungen genügen, welchen die von der Belastung $H\,d_i\,\varphi_i''(x)$ hervorgerufene Momentenlinie $M_i(x)$ gehorcht. Für diese Momentenlinie gilt nun die bekannte Differentialbeziehung zwischen Last und Moment

$$M_i''(x) = -H\,d_i\,\varphi_i''(x),$$

während die Momentenlinie $\mu_i(x)$ der Differentialgleichung

$$\mu_i''(x) = \lambda_i\,\varphi_i''(x)$$

gehorcht, wie man durch Einsetzen der Gl. (20) in das erste Glied von Gl. (9') erkennt. Aus dem Vergleich der beiden Differentialgleichungen ersieht man, daß der von der Belastung $H\,d_i\,\varphi_i''(x)$ herrührende Anteil $M_i(x)$ des Biegemomentes den Wert

$$M_i(x) = -\frac{H\,d_i}{\lambda_i}\,\mu_i(x)$$

haben muß. Das Biegemoment im Versteifungsträger der Hängebrücke ist daher

$$M(x) = \mathfrak{M}(x) - H_p\,\bar{y}(x) - H\,\bar{\eta}(x), \quad \ldots \ldots \ldots \quad (21)$$

wenn wir die reduzierte Durchbiegung $\bar{\eta}(x)$ durch die Definition

$$\bar{\eta}(x) = \sum_{i=1}^{\infty} d_i\,\frac{\mu_i(x)}{\lambda_i} \quad \ldots \ldots \ldots \quad (22)$$

einführen. Die in dieser Gleichung enthaltene Reihe konvergiert ebenso rasch wie die Reihe in Gl. (18) für $\eta(x)$. In dem Sonderfall, wo der Versteifungsträger nur aus einem oder mehreren einfachen Balken besteht, gilt die einfache Beziehung $\frac{\mu_i(x)}{\lambda_i} = \varphi_i(x)$[1]), d. h. es ist $\bar{\eta}(x) = \eta(x)$ und da in diesem Falle auch $\bar{y}(x) = y(x)$ wird, so entsteht dann die bekannte Gleichung

$$M(x) = \mathfrak{M}(x) - H_p\,y(x) - H\,\eta(x). \quad \ldots \ldots \ldots \quad (21')$$

Aus der Gl. (21) für $M(x)$ findet man durch Differentiieren nach x auch den Wert der Querkraft an der Stelle x

$$Q(x) = \mathfrak{Q}(x) - H_p\,\bar{y}'(x) - H\,\bar{\eta}'(x), \quad \ldots \ldots \ldots \quad (23)$$

wobei $\mathfrak{Q}(x)$ jene Querkraft ist, welche die Belastung $p(x)$ im Versteifungsträger ohne Kette hervorrufen würde. Im Falle einfacher, balkenartiger Versteifungsträger vereinfacht sich diese Gleichung zu

$$Q(x) = \mathfrak{Q}(x) - H_p\,y'(x) - H\,\eta'(x). \quad \ldots \ldots \ldots \quad (23')$$

---

[1]) Bei einem einfachen Balken ergibt die zweimalige Integration der Differentialgleichung (9')

$$EJ(x)\,\varphi_i''(x) + \lambda_i\,\varphi_i(x) = c_1 + c_2\,x = 0,$$

da wegen der Randbedingungen $\varphi_i = \varphi_i'' = 0$ an den beiden Trägerenden $c_1 = c_2 = 0$ ist. Vergleicht man diese Differentialgleichung mit Gl. (20), so findet man die oben angegebene einfache Verknüpfung.

Hängebrücken mit mehrfeldrigen, nicht in allen Feldern aufgehängten Versteifungsträgern.

Es wurde schon im vorigen Abschnitt bemerkt, daß in diesem Falle für jene Felder, welche sich frei tragen, an Stelle der Differentialgleichung (3) die Gl. (3') zu verwenden ist. Um nicht zu weitläufig zu werden, beschränken wir uns auf den in Abb. 2, S. 5 dargestellten, praktisch wichtigen Fall eines dreifeldrigen Versteifungsträgers. Nur im Mittelfeld B—B' werde der Versteifungsträger von der Kette getragen. Die Differentialgleichungen lauten daher

$$\left.\begin{array}{ll} \text{im Bereich } A\text{—}B\text{:} & [EJ(x)\,\eta''(x)]'' = p(x), \\ \text{im Bereich } B\text{—}B'\text{:} & [EJ(x)\,\eta''(x)]'' - H\,\eta''(x) = p(x) + H_p\,y''(x), \\ \text{im Bereich } B'\text{—}A'\text{:} & [EJ(x)\,\eta''(x)]'' = p(x). \end{array}\right\} \quad (24)$$

Das zugehörige homogene Gleichungssystem mit den gleichen homogenen Randbedingungen

$$\left.\begin{array}{ll} \text{im Bereich } A\text{—}B\text{:} & [EJ(x)\,\eta''(x)]'' = 0, \\ \text{im Bereich } B\text{—}B'\text{:} & [EJ(x)\,\eta''(x)]'' + \lambda\,\eta''(x) = 0, \\ \text{im Bereich } B'\text{—}A'\text{:} & [EJ(x)\,\eta''(x)]'' = 0, \end{array}\right\} \quad (24')$$

besitzt eine Folge von Eigenwerten λ_i und Eigenlösungen $\varphi_i(x)$. Zwischen den Eigenlösungen $\varphi_i(x)$ bestehen die Orthogonalitätsbeziehungen

$$\int_B^{B'} \varphi_i'(x)\,\varphi_k'(x) = \begin{array}{l} 1, \text{ wenn } i = k, \\ 0, \text{ wenn } i \neq k, \end{array} \quad (25)$$

die in der gleichen Weise wie die Orthogonalitätsbeziehung (11) abgeleitet werden. Diese Beziehungen unterscheiden sich aber von den Gl. (10) und (11) wesentlich, da das Integral nur über das Mittelfeld B—B' des Versteifungsträgers zu erstrecken ist.

Die Gl. (24') können wieder als Differentialgleichung der Knickung des dreifeldrigen Versteifungsträgers aufgefaßt werden, dessen Mittelfeld durch eine Längskraft λ gedrückt wird.

Wir definieren jetzt die Lastwerte a_i und Grundwerte b_i durch die Gleichungen

$$a_i = \int_A^{A'} p(x)\,\varphi_i(x)\,dx, \qquad b_i = -\frac{1}{H_g}\int_B^{B'} g(x)\,\varphi_i(x)\,dx, \quad (26)$$

wobei hier auf die besonderen Grenzen der Integrale Bedacht zu nehmen ist, da das erste Integral wie in der früheren Gl. (16) über die ganze Länge A—A' des Versteifungsträgers, das zweite dagegen nur über das Mittelfeld B—B' zu erstrecken ist. Es gilt wieder der Entwicklungssatz für die Lösungen $\eta(x)$ der inhomogenen Gleichungen (24), jedoch mit Einschränkung seiner Gültigkeit auf das Mittelfeld B—B'. Es ist

$$\text{im Bereich } B\text{—}B'\text{:} \quad \eta(x) = \sum_{i=1}^{\infty} d_i\,\varphi_i(x) = \sum_{i=1}^{\infty} \frac{a_i + b_i H_p}{\lambda_i + H}\,\varphi_i(x), \quad (27)$$

wobei H_p aus der mit Gl. (19) übereinstimmenden Gleichung

$$\frac{H_p L}{E_k F_k^0} \pm \varepsilon\,t\,L_t + \sum_{i=1}^{\infty} \frac{(a_i + b_i H_p)\,b_i}{\lambda_i + H_g + H_p} = 0 \quad (28)$$

zu bestimmen ist.

Zur Ermittlung der Momente schlagen wir den gleichen Weg ein wie im früher behandelten Fall. An dem von der Kette freigemachten Versteifungsträger greift die Belastung $q(x)$ an. Diese beträgt:

in den Bereichen A—B und B'—A': $q(x) = p(x)$,

im Bereich B—B': $$q(x) = p(x) + H_p\, y''(x) + \sum_{i=1}^{\infty} H\, d_i\, \varphi_i''(x).$$

Von der Belastung $p(x)$ rührt ein Moment $\mathfrak{M}(x)$ her, von der Belastung $H_p\, y''(x)$ ein Moment $-H_p\, \overline{y}(x)$, wobei für $\mathfrak{M}(x)$ und $\overline{y}(x)$ die gleichen Definitionen gelten wie früher. Die Eigenlösungen genügen den Differentialgleichungen (24')

in den Bereichen A—B und B'—A': $[EJ(x)\, \varphi_i''(x)]'' = 0$,
im Bereich B—B': $[EJ(x)\, \varphi_i''(x)]'' + \lambda_i\, \varphi_i'' = 0$.

Führen wir wieder die zu den Eigenlösungen $\varphi_i(x)$ gehörenden Momentenlinien

$$\mu_i(x) = -EJ(x)\, \varphi_i''(x) \quad \ldots\ldots\ldots\ldots \quad (29)$$

ein, so genügen diese, wie man durch Einsetzen in die obigen Gleichungen erkennt, den folgenden Differentialbeziehungen:

in den Bereichen A—B und B'—A': $\mu_i''(x) = 0$,
im Bereich B—B': $\mu_i''(x) = \lambda_i\, \varphi_i''(x)$.

Bezeichnen wir den von der Teilbelastung $H\, d_i\, \varphi_i''(x)$ herrührenden Momentenanteil im Versteifungsträger mit $M_i(x)$, so bestehen die Gleichungen

in den Bereichen A—B und B'—A': $M_i''(x) = 0$,
im Bereich B—B': $M_i''(x) = -H\, d_i\, \varphi_i''(x)$.

Da die beiden Linien $M_i(x)$ und $\mu_i(x)$ auch den gleichen Randbedingungen unterworfen sind, so muß die Beziehung

$$M_i(x) = -\frac{H\, d_i}{\lambda_i}\, \mu_i(x)$$

gelten. Es ergibt sich daher schließlich für das Moment im Versteifungsträger der Ausdruck

$$M(x) = \mathfrak{M}(x) - H_p\, \overline{y}(x) - H\, \overline{\eta}(x), \quad \ldots\ldots\ldots \quad (30)$$

wenn wie früher die r e d u z i e r t e D u r c h b i e g u n g $\overline{\eta}(x)$ durch die Gleichung

$$\overline{\eta}(x) = \sum_{i=1}^{\infty} d_i \frac{\mu_i(x)}{\lambda_i} \quad \ldots\ldots\ldots\ldots \quad (31)$$

definiert ist. Die Gültigkeit dieser Gleichungen für $M(x)$ und $\overline{\eta}(x)$ ist daher nicht auf das Mittelfeld B—B' beschränkt, sie gilt für den ganzen Bereich A—A'. Die Gleichung für $M(x)$ stimmt vollständig mit Gl. (21) überein, deren Anwendbarkeit damit auch in diesem Falle erwiesen ist. Zur Berechnung der Querkräfte kann daher die aus Gl. (21) folgende Gl. (23) verwendet werden.

Ist die Durchbiegung im Außenfeld zu bestimmen, so berechnet man aus Gl. (30) den Wert der Momente im Außenfeld und kann nach den bekannten Methoden der Baustatik die Durchbiegung ermitteln. Nur in einem Ausnahmsfall kann man einfacher zum Ziel gelangen: wenn das betreffende Außenfeld bei der fraglichen Laststellung frei von Lasten ist, so gilt Gl. (27) ausnahmsweise auch für dieses Außenfeld.

d) Ermittlung der Eigenlösungen der homogenen Differentialgleichung.

Im vorangehenden Abschnitt wurde gezeigt, wie man die Momente und Durchbiegungen der Hängebrücken bestimmen kann, wenn man die Eigenlösungen der zugehörigen homogenen Differentialgleichungen kennt. In diesem Abschnitt werden wir Methoden zur Bestimmung der Eigenlösungen selbst kennenlernen.

In einfachen Fällen gelangt man durch unmittelbare Lösung der Differentialgleichung am raschesten zum Ziel. Wenn es sich z. B. um eine einfeldrige Brücke mit der Spannweite l mit balkenartigen Versteifungsträgern von unveränderlichem Trägheitsmoment $J(x) = J$ handelt, so sind die Eigenlösungen der Differentialgleichung

$$E J \eta^{\mathrm{IV}}(x) + \lambda \eta''(x) = 0 \quad \ldots \ldots \ldots \quad (32)$$

zu berechnen, deren Randbedingungen für $x = 0$ und $x = l$: $\eta = 0$, $\eta'' = 0$ lauten. Die Gl. (32) ist, wie schon früher bemerkt wurde, die Differentialgleichung der Knickung eines an beiden Enden gelenkig gelagerten Stabes. Sie hat bekanntlich die Eigenwerte

$$\lambda_i = \frac{i^2 \pi^2 E J}{l^2}, \quad (i = 1, 2, 3 \ldots) \quad \ldots \ldots \ldots \quad (33)$$

mit den zugehörigen Eigenlösungen

$$\varphi_i(x) = C \sin \frac{i \pi x}{l}, \quad (i = 1, 2, 3 \ldots). \ldots \ldots \ldots \quad (34)$$

Die Konstante C soll gemäß Gl. (10) so bestimmt werden, daß

$$\int_0^l [\varphi_i'(x)]^2 \, dx = 1$$

wird. Es ergibt sich $C = \frac{\sqrt{2 l}}{i \pi}$ und damit die Eigenlösung

$$\varphi_i(x) = \frac{\sqrt{2 l}}{i \pi} \sin \frac{i \pi x}{l}, \quad (i = 1, 2, 3 \ldots). \ldots \ldots \quad (34')$$

Die Eigenlösungen sind Sinuslinien, deren Periode ein ganzzahliger Bruchteil der Spannweite l ist. Die im vorhergehenden Abschnitt gefundene Reihe für die Durchbiegung

$$\eta(x) = \sum_{i=1}^{\infty} d_i \varphi_i(x)$$

ist daher in diesem einfachen Falle eine Fouriersche Reihe.

In ganz gleichartiger Weise kann auch eine dreifeldrige Hängebrücke behandelt werden, wenn jede Öffnung für sich durch einen Balkenträger von konstantem Trägheitsmoment versteift ist. Die Eigenlösungen sind dann in jeder Öffnung Sinuslinien.

Betrachten wir etwa den Fall einer dreifeldrigen Hängebrücke mit ungleichen Öffnungen nach Abb. 4. Dann treten drei Arten von Eigenlösungen auf, welche in den drei Bereichen wie folgt definiert sind:

$$
\begin{array}{l|c|c}
\text{Eigenwerte:} & & \\
\lambda = \dfrac{i^2 \pi^2 E J_1}{l_1^2} & \lambda = \dfrac{i^2 \pi^2 E J_2}{l_2^2} & \lambda = \dfrac{i^2 \pi^2 E J_3}{l_3^2} \\
\text{Eigenlösungen im} \left\{ \begin{array}{l} \text{Bereich } A\text{—}B: \\ \varphi = \dfrac{\sqrt{2 l_1}}{i \pi} \sin \dfrac{i \pi x_1}{l_1} \\ \text{Bereich } C\text{—}D: \\ \varphi = 0 \\ \text{Bereich } E\text{—}F: \\ \varphi = 0 \end{array} \right. &
\begin{array}{c} \\ \varphi = 0 \\ \\ \varphi = \dfrac{\sqrt{2 l_2}}{i \pi} \sin \dfrac{i \pi x_2}{l_2} \\ \\ \varphi = 0 \end{array} &
\begin{array}{c} \\ \varphi = 0 \\ \\ \varphi = 0 \\ \\ \varphi = \dfrac{\sqrt{2 l_3}}{i \pi} \sin \dfrac{i \pi x_3}{l_3} \end{array}
\end{array}
\qquad (35)
$$

In Gl. (35) stehen in einer Reihe übereinander jeweils ein Eigenwert und die zugehörigen Formeln für φ in den drei Bereichen A—F. Läßt man in jeder Reihe i die Werte 1, 2, 3, ... durchlaufen, so erhält man alle Eigenlösungen.

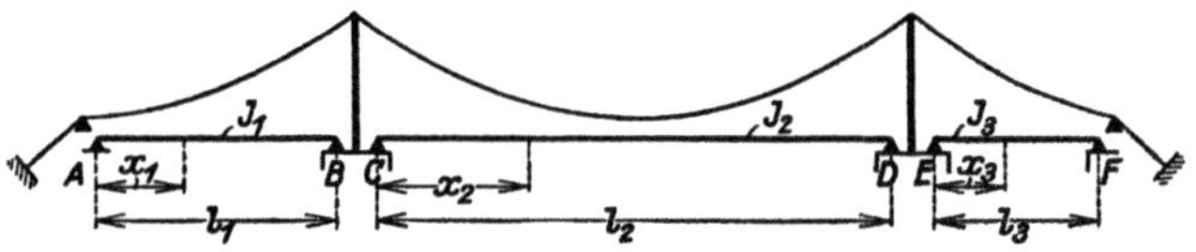

Abb. 4.

Man veranschaulicht sich diese Formeln am einfachsten an dem analogen Knickfall. Wenn λ z. B. gerade gleich der Eulerknickkraft des ersten Feldes ist, so stellt sich im ersten Felde eine sinusförmige Ausbiegung φ ein, während die anderen Öffnungen gerade bleiben, d. h. $\varphi = 0$ ist. Die Funktionen $\varphi(x)$ sind mit durchlaufenden Nummern zu bezeichnen, und zwar so, daß die zu $\varphi(x)$ gehörenden Eigenwerte der Größe nach geordnet sind, also $\lambda_1 \leqq \lambda_2 \leqq \lambda_3 \leqq \ldots$ ist. Es kann dabei vorkommen, daß zwei verschiedene Eigenlösungen zum gleichen Eigenwert λ gehören, dies ist z. B. der Fall, wenn $l_1 = l_3$, $J_1 = J_3$ ist. In einem solchen Falle ist es gleichgültig, welche der beiden Eigenfunktionen in der Reihe zuerst erscheint; in der Folge der Eigenwerte sind dann zwei aufeinanderfolgende Werte λ_k, λ_{k+1} gleich geworden, man spricht von einem doppelten Eigenwerte.

In anderen Fällen, in denen das Trägheitsmoment des Versteifungsträgers nicht mehr unveränderlich ist oder wenn dieser ein Durchlaufbalken ist, sind die Eigenlösungen $\varphi_i(x)$ nicht mehr einfache Sinuslinien, sondern verwickeltere Linien. Um aber für die Eigenlösungen geschlossene Formeln angeben zu können, muß überhaupt angenommen werden, daß das Trägheitsmoment wenigstens stückweise konstant ist. Für die Berechnung ist daher der wirkliche Versteifungsträger mit stetig veränderlichem Trägheitsmoment durch einen Versteifungsträger mit stückweise konstantem Trägheitsmoment zu ersetzen. Eine Teilung in nur wenige Bereiche erweist sich dabei schon als praktisch ausreichend.

Im vorigen Abschnitt wurde bereits darauf aufmerksam gemacht, daß die gesuchten Eigenwerte λ_i, Eigenlösungen $\varphi_i(x)$ und zugehörigen Momentenlinien $\mu_i(x)$ eigentlich nichts anderes sind als die Knicklasten, Knickbiegelinien und Knickmomentenlinien des als dünner Stab aufgefaßten Versteifungsträgers. Wir können daher ein zur Lösung von Knickaufgaben solcher Art dienendes Verfahren hier unmittelbar anwenden und die gefundenen Ergebnisse dann mit den gesuchten λ_i, $\varphi_i(x)$ und $\mu_i(x)$ indentifizieren. Dies hat für den Statiker außerdem den großen Vorteil, daß er sich in bekanntem Gebiete bewegt.

Wir werden ein Verfahren von F. Bleich benützen, welches eine Verallgemeinerung des Clapeyronschen Dreimomentensatzes für Knickaufgaben von Stabzügen darstellt.[1] Der Vorteil dieses Verfahrens besteht darin, daß keine Differentialgleichungen mehr aufzulösen sind, sondern die linearen Gleichungen, deren Determinante die Knickbedingung ergibt, unmittelbar angeschrieben werden können.

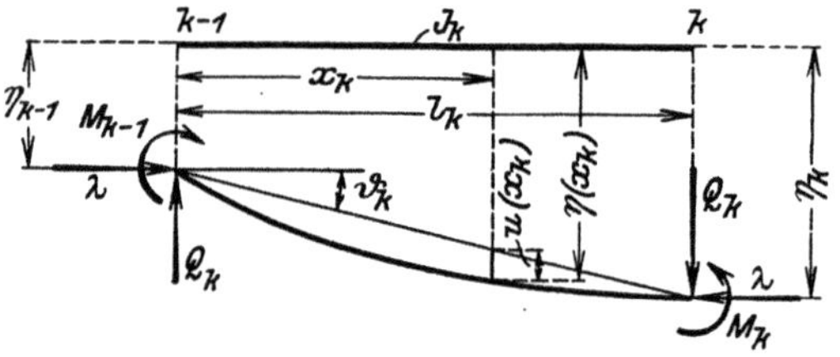

Abb. 5.

Man teilt den Versteifungsträger in eine Anzahl von Bereichen. Jedes Auflager des Trägers, jedes Zwischengelenk und jeder Punkt, in welchem das Trägheitsmoment wechselt, ist ein Trennungspunkt zwischen zwei Bereichen. Die Trennungspunkte erhalten durchlaufende Nummern $1, 2 \ldots k-1, k \ldots n$. Die Länge des Bereiches $k-1$, k bezeichnen wir mit l_k, sein konstantes Trägheitsmoment mit J_k.

Im Knickzustande verändert ein Stabteil $k-1$, k seine Form und Lage wie in Abb. 5 gezeichnet. Die Stabsehne hat sich um einen Winkel ϑ_k gedreht, die gesamte Verschiebung des Punktes mit der Abszisse x_k ist $\eta(x_k)$, die relative Verschiebung des Punktes gegen die Stabsehne $u(x_k)$. Im Knickzustande greifen ferner am freigemachten Stab $k-1$, k die Knickmomente M_{k-1} und M_k, die Knickquerkraft Q_k und die Knickkraft λ an.

Wenn nun die beiden Stäbe $k-1$, k und k, $k+1$, welche in einem Knoten k zusammenstoßen, dort auch biegungssteif miteinander verbunden sind, so besteht für diesen Punkt eine „Stetigkeitsbedingung"

$$l'_k s_k M_{k-1} + (l'_k c_k + l'_{k+1} c_{k+1}) M_k + l'_{k+1} s_{k+1} M_{k+1} - E J_m (\vartheta_k - \vartheta_{k+1}) = 0. \quad (36)$$

In dieser Gleichung ist J_m ein beliebig gewähltes, mittleres Trägheitsmoment, ferner bedeutet

$$l'_k = l_k \frac{J_m}{J_k}. \quad (37)$$

Wenn

$$\gamma_k = l_k \sqrt{\frac{\lambda}{E J_k}} \quad (38)$$

ist, so sind s_k und c_k die Abkürzungen für die Funktionen

$$s_k = s(\gamma_k) = \frac{1}{\gamma_k^2}\left(\frac{\gamma_k}{\sin \gamma_k} - 1\right), \qquad c_k = c(\gamma_k) = \frac{1}{\gamma_k^2}(1 - \gamma_k \operatorname{cotg} \gamma_k). \quad (38')$$

Wenn zwei Stäbe $k-1$, k und k, $k+1$ im Knoten k gelenkig verbunden sind, so tritt an Stelle der Gl. (36) die Bedingung

$$M_k = 0. \quad (39)$$

[1] Bleich, F.: Theorie und Berechnung der eisernen Brücken. Berlin 1924, S. 161.

Eine Gleichgewichtsbedingung (resultierendes Moment aller angreifenden Kräfte gleich Null)

$$\frac{M_k - M_{k-1}}{l_k} - \lambda \vartheta_k - Q_k = 0 \quad \dots \dots \dots \quad (40)$$

kann für jeden Stab aufgestellt werden. Ferner gilt, wenn der Knoten k nicht gestützt ist, also in k keine äußere Stützenkraft angreift, die einfache Gleichgewichtsbeziehung

$$Q_{k-1} = Q_k. \quad \dots \dots \dots \dots \quad (41)$$

Schließlich besteht zwischen den Drehwinkeln ϑ_k der einzelnen Stabteile noch eine geometrische Beziehung. Wenn der Versteifungsträger etwa in 2 Punkten k und $k+m$ fest gestützt ist, so gilt die einfache „Winkelgleichung"

$$l_{k+1}\vartheta_{k+1} + l_{k+2}\vartheta_{k+2} + \dots + l_{k+m}\vartheta_{k+m} = 0, \quad \dots \quad (42)$$

welche ausdrückt, daß die Summe der Projektionen der Seiten des Sehnenpolygons k bis $k+m$ auf die Lotrechte gleich Null sein muß. Siehe Abb. 6.

Mit Hilfe der Gl. (40), (41) und (42) kann man die Größen ϑ_k durch M_k ausdrücken und in Gl. (36) einsetzen. Wenn die Determinante der n homogenen linearen Gleichungen für M_k, Gl. (36) und (39), verschwindet, so gibt es von Null verschiedene Lösungen M_k dieser Gleichungen, es liegt ein Knickfall vor. Das Verschwinden dieser Determinante ist also die Knickbedingung, aus welcher λ zu bestimmen ist.

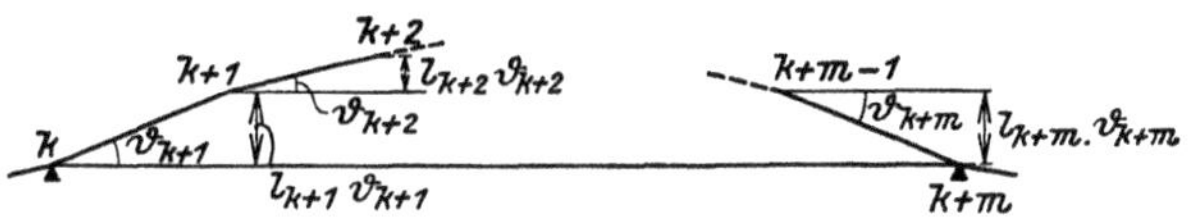

Abb. 6.

Zur Bestimmung der Knickbiegelinie $\eta(x_k)$ geben wir zunächst eine Formel für die Funktion $u(x_k)$ an, d. i. die Verbiegung des Stabes $k-1$, k gegenüber seiner Stabsehne. Es gilt die Beziehung

$$u(x_k) = \frac{M_{k-1}}{\lambda}\left(\frac{\sin\gamma_k\left(1-\frac{x_k}{l_k}\right)}{\sin\gamma_k} - 1 + \frac{x_k}{l_k}\right) + \frac{M_k}{\lambda}\left(\frac{\sin\gamma_k \frac{x_k}{l_k}}{\sin\gamma_k} - \frac{x_k}{l_k}\right). \quad (43)$$

Da die Größen ϑ_k als Funktion der M_k bekannt sind, so können die Werte von $\eta(x_k)$ für die Knotenpunkte k berechnet werden. Diese Werte seien kurz mit η_k bezeichnet. Dann ergibt sich für einen beliebigen Punkt x_k, siehe Abb. 5.

$$\eta(x_k) = \eta_{k-1} + \vartheta_k x_k + u(x_k). \quad \dots \dots \dots \quad (44)$$

Die Funktion $\eta(x_k)$ enthält aber noch einen willkürlichen Faktor, da die Größen M_k nur bis auf einen gemeinsamen willkürlichen Faktor bestimmt sind. Dieser Faktor soll so festgelegt werden, daß die Normierungsbedingung (10) bzw. (25) erfüllt ist. Bezeichnet man

$$N^2 = \int [\eta'(x)]^2 \, dx, \quad \dots \dots \dots \dots \quad (45)$$

so ist die gesuchte Eigenlösung

$$\varphi(x) = \frac{1}{N}\eta(x). \quad \dots \dots \dots \dots \quad (46)$$

Für das Integral in Gl. (45) gelten die gleichen Grenzen wie für die Integrale in den Gl. (10) bzw. (25). Durch Differentiation kann jetzt auch die Formel für die zu $\varphi(x)$ gehörende Knickmomentenlinie $\mu(x)$ gefunden werden:

$$\mu(x) = -EJ(x)\,\varphi''(x). \quad \dots\dots\dots\dots \quad (47)$$

Die Gl. (45) soll mit Rücksicht auf die praktische Rechnung noch umgeformt werden. Die Formänderungsarbeit A_i, welche die inneren Kräfte eines Stabes bei der Knickung leisten, wird bekanntlich durch das Intgral

$$A_i = \frac{1}{2}\int EJ(x)\,[\eta''(x)]^2\,dx$$

ausgedrückt, während die von der Knickkraft λ geleistete äußere Arbeit

$$A_a = \frac{\lambda}{2}\int [\eta'(x)]^2\,dx$$

ist. Nun muß aber nach dem Energieprinzip $A_a = A_i$ sein, d. h.

$$\frac{1}{2}\int [\eta'(x)]^2\,dx = \frac{1}{2\lambda}\int EJ(x)\,[\eta''(x)]^2\,dx.$$

Infolgedessen gilt auch die Gleichung

$$\int [\eta'(x)]^2\,dx = \frac{1}{2}\int [\eta'(x)]^2\,dx + \frac{1}{2}\int \frac{EJ(x)}{\lambda}\,[\eta''(x)]^2\,dx.$$

Wir gewinnen damit aus Gl. (45) die Beziehung

$$N^2 = \frac{1}{2}\int [\eta'(x)]^2\,dx + \frac{1}{2}\int \frac{EJ(x)}{\lambda}\,[\eta''(x)]^2\,dx. \quad \dots\dots \quad (48)$$

Die Grenzen des ersten Integrals in Gl. (48) sind die gleichen wie in Gl. (10) bzw. (25), das zweite Integral ist stets über den ganzen Versteifungsträger zu erstrecken. Der Grund, warum wir im folgenden die Gl. (48) an Stelle der einfacheren Gl. (45) verwenden, ist folgender: Setzt man, um N^2 zu bestimmen, $\eta(x)$ in allgemeiner Form in Gl. (45) ein und integriert sodann, so tritt im Ergebnis ein Teilausdruck auf, der für die besonderen, zu einem Eigenwert λ_i gehörigen Werte von M_k und γ_k verschwindet. Da aber die Knickbedingung, welche diese Werte λ, M und γ verbindet, eine transzendente Gleichung ist, so wäre das Nullwerden dieses Teilausdruckes im Einzelfalle nicht ohne weiters zu erkennen. Gl. (48) liefert aber sofort nur den nicht verschwindenden Teil des Integrals in Gl. (45), so daß die Verwendung von Gl. (48) eine Arbeitsersparnis bedeutet.

Bevor wir die Anwendung des Verfahrens zur Ermittlung der Eigenwerte λ und der Knickbiegelinien an einem Beispiel aufzeigen, muß noch eines Ausnahmefalles Erwähnung getan werden. Das soeben dargelegte Verfahren erfaßt nämlich in gewissen Fällen nicht alle Eigenwerte und Eigenlösungen. Wir haben oben lineare Gleichungen zwischen den n-Momenten M_k aufgestellt und haben geschlossen, daß ein Knickfall dann vorliegen muß, wenn es nichtverschwindende Werte M_k gibt, welche diese Gleichungen erfüllen. Nun gibt es aber in Ausnahmsfällen auch Knickfälle, bei welchen alle Knotenpunktsmomente $M_k = 0$ werden.

Solche Knickfälle können dann auftreten, wenn es einen Wert λ gibt, der für alle Stabteile 0—1, 1—2, ..., k—1, k ...., jeder Teil für sich als Stab betrachtet, eine Eulerknicklast ist, d. h. dann, wenn

$$\frac{n_1^2\,\pi^2\,EJ_1}{l_1^2} = \frac{n_2^2\,\pi^2\,EJ_2}{l_2^2} = \dots\dots = \frac{n_k^2\,\pi^2\,EJ_k}{l_k^2} = \dots\dots$$

ist, wobei $n_1, n_2, \ldots.$ ganze Zahlen sein müssen. In einem solchen Falle knickt nämlich jeder Teilstab $k-1, k$ für sich in einer n_k-welligen Sinuslinie aus, die einzelnen Stäbe üben keine Einspannung aufeinander aus.

Man geht daher folgendermaßen vor: Gemäß Gl. (38) ist $\gamma_k = l_k \sqrt{\frac{\lambda}{E J_k}}$. Man bildet das Verhältnis

$$\gamma_1 : \gamma_2 : \gamma_3 : \ldots. = \frac{l_1}{\sqrt{J_1}} : \frac{l_2}{\sqrt{J_2}} : \frac{l_3}{\sqrt{J_3}} : \ldots.,$$

und wenn es möglich ist, dieses Verhältnis in die Form

$$\gamma_1 : \gamma_2 : \gamma_3 : \ldots = n_1 : n_2 : n_3 : \ldots$$

zu bringen, wobei $n_1, n_2, \ldots$ ganze Zahlen sind, so gibt es einen Knickfall mit dem Eigenwert

$$\lambda = \frac{n_1^2 \pi^2 E J_1}{l_1^2} = \frac{n_2^2 \pi^2 E J_2}{l_2^2} = \ldots., \quad \ldots \ldots \quad (49)$$

wobei

$$\gamma_1 = n_1 \pi, \; \gamma_2 = n_2 \pi, \ldots \quad \ldots \ldots \quad (50)$$

ist. Wir bezeichnen einen solchen Eigenwert λ als „Ausnahmswurzel". Man hat daher, um die niedrigste Ausnahmswurzel zu finden, das kleinste derartige Wertesystem (50) zu suchen. Durch Multiplikation mit 2, 3, ... erhält man dann weitere solche Wertesysteme.

Die zu einer Ausnahmswurzel λ nach Gl. (49) gehörende Eigenlösung $\varphi(x)$ und ihre Momentenlinie $\mu(x)$ sind in jedem Stab $k-1, k$ n_k-wellige Sinuslinien. Diese Sinuslinien müssen mit stetiger Tangente ineinander übergehen. Man berechnet

$$0 \leqq x_1 \leqq l_1: \quad \varphi(x_1) = \frac{\mu(x_1)}{\lambda} = \frac{l_1}{\gamma_1} C \sin \gamma_1 \frac{x_1}{l_1},$$

$$0 \leqq x_2 \leqq l_2: \quad \varphi(x_2) = \frac{\mu(x_2)}{\lambda} = \frac{l_2}{\gamma_2} C \sin \left(\gamma_1 + \gamma_2 \frac{x_2}{l_2}\right),$$

$$0 \leqq x_3 \leqq l_3: \quad \varphi(x_3) = \frac{\mu(x_3)}{\lambda} = \frac{l_3}{\gamma_3} C \sin \left(\gamma_1 + \gamma_2 + \gamma_3 \frac{x_3}{l_3}\right),$$

. . . .

wobei $x_1, x_2, \ldots$ Koordinaten sind, die von Punkt 0 zu Punkt 1, von Punkt 1 zu Punkt 2 usw. laufen. Die zunächst noch willkürliche Konstante C ist so zu bestimmen, daß die Normierungsgleichung (10), d. i.

$$\int [\varphi'(x)]^2 \, dx = 1$$

erfüllt ist. Man findet schließlich

$$C = \sqrt{\frac{2}{l_1 + l_2 + l_3 + \ldots}}.$$

also

$$\left.\begin{aligned}
&0 \leqq x_1 \leqq l_1: \; \varphi(x_1) = \frac{\mu(x_1)}{\lambda} = \frac{l_1}{\gamma_1} \sqrt{\frac{2}{l_1 + l_2 + l_3 + \ldots}} \sin \gamma_1 \frac{x_1}{l_1}, \\
&0 \leqq x_2 \leqq l_2: \; \varphi(x_2) = \frac{\mu(x_2)}{\lambda} = \frac{l_2}{\gamma_2} \sqrt{\frac{2}{l_1 + l_2 + l_3 + \ldots}} \sin \left(\gamma_1 + \gamma_2 \frac{x_2}{l_2}\right), \\
&0 \leqq x_3 \leqq l_3: \; \varphi(x_3) = \frac{\mu(x_3)}{\lambda} = \frac{l_3}{\gamma_3} \sqrt{\frac{2}{l_1 + l_2 + l_3 + \ldots}} \sin \left(\gamma_1 + \gamma_2 + \gamma_3 \frac{x_3}{l_3}\right), \\
&\ldots \ldots \ldots \ldots \ldots \ldots \ldots \ldots \ldots \ldots
\end{aligned}\right\} \quad (51)$$

Praktisch kommen derartige Ausnahmswurzeln für unsere Rechnung nur dann in Frage, wenn die Zahlen n_1, n_2 usw. klein sind (etwa 1 bis höchstens 5), da sonst der zugehörige Wert λ sehr groß ist und außer Betracht bleiben kann, da in der Rechnung nur die Eigenlösungen mit den kleinsten Eigenwerten Anwendung finden.[1]) Hierbei sei darauf hingewiesen, daß das Auftreten von Ausnahmswurzeln einen besonderen Zufall darstellt, daher sehr selten ist und bei einzelnen Hängebrückensystemen sogar grundsätzlich unmöglich ist.

Mit Hilfe des in diesem Abschnitte oben dargelegten Verfahrens wurden für die häufig vorkommenden Hängebrückensysteme die Eigenlösungen φ_i in allgemeiner Form bestimmt. Liegen einmal die Abmessungen des Versteifungsträgers der Hängebrücke fest, so gestatten die in Abschnitt **g**, S. 31 ff. zusammengestellten Formeln in einfacher Weise die zahlenmäßige Ermittlung der $\varphi_i(x)$. Im folgenden zeigen wir an einem Sonderfall, in welcher Weise die Formeln in Abschnitt **g** bestimmt wurden.

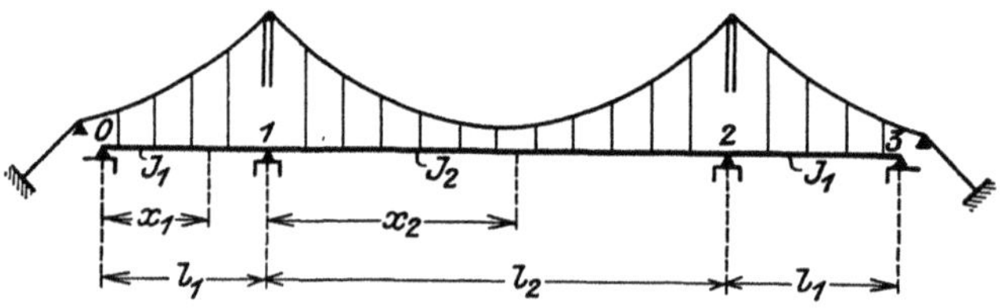

Abb. 7.

Wir greifen den Fall der in Abb. 7 gezeichneten symmetrischen Hängebrücke heraus. Der Versteifungsträger ist ein durchlaufender Träger ohne Gelenke. Das Trägheitsmoment sei feldweise unveränderlich, jedoch im Mittelfeld und Außenfeld verschieden. Die gesuchten Funktionen $\varphi_i(x)$ sind die Knickbiegelinien des durchlaufenden Stabes 0—3, welcher durch die Knickkraft λ gedrückt wird. Für die beiden Punkte 1 und 2 kann man je eine Stetigkeitsbedingung Gl. (36) anschreiben. Infolge der gelenkigen Lagerung in 0 und 3 ist $M_0 = M_3 = 0$, weiter sind alle Größen ϑ_k gleich Null, da alle Punkte 0—3 vertikal unverschieblich sind und die Stabsehnen sich daher nicht drehen können. Die Stetigkeitsbedingungen (36) lauten in diesem Falle

$$\left.\begin{aligned} (l_1' c_1 + l_2' c_2) M_1 + l_2' s_2 M_2 &= 0, \\ l_2' s_2 M_1 + (l_2' c_2 + l_1' c_1) M_2 &= 0, \end{aligned}\right\} \quad \ldots \ldots \quad (52)$$

wobei in der zweiten Gleichung c_1 an Stelle von c_3 geschrieben wurde, da die beiden Stäbe 1 und 3 gleiche Länge und gleiches Trägheitsmoment haben und daher $c_3 = c_1$ ist. Diese Gleichungen lassen sich mit Rücksicht auf die Symmetrieverhältnisse erheblich vereinfachen. Bei symmetrischen Tragwerken gibt es zwei Arten von Eigenlösungen $\varphi(x)$: symmetrische und antisymmetrische. Bei den symmetrischen Lösungen ist $\varphi(x) = \varphi(\overline{x})$, bei den antisymmetrischen ist $\varphi(x) = -\varphi(\overline{x})$, wenn x und $\overline{x}$ die Abszissen zweier symmetrisch gelegener Punkte sind.

[1]) Ein Zahlenbeispiel zur Bestimmung einer Ausnahmswurzel ist im 4. Beispiel S. 71 enthalten.

Wenn $\varphi_i(x)$ eine symmetrische Lösung ist, so muß diese Symmetrie auch bei den Momenten vorhanden sein, d. h. in diesem Falle muß $M_1 = M_2$ sein. Dies in Gl. (52) eingesetzt, ergibt

$$(l_1' c_1 + l_2' c_2 + l_2' s_2) M_1 = 0.$$

Eine nicht verschwindende Lösung für M_1 besteht aber nur dann, wenn die Bedingung

$$l_1' c_1 + l_2' c_2 + l_2' s_2 = 0 \quad \ldots \ldots \ldots \quad (53)$$

erfüllt ist. Dies ist die „Knickbedingung", aus welcher die zu den symmetrischen Eigenlösungen $\varphi_i(x)$ gehörenden Eigenwerte λ_i zu bestimmen sind. Die Gl. (53) ist eine transzendente Gleichung, ihre Auflösung ist nur durch probeweises Einsetzen verschiedener Werte für λ möglich. Zur Vereinfachung dieser Rechnungen sind auf S. 48 ff. ausführliche Tabellen der Funktionen $s(\gamma)$ und $c(\gamma)$ angeben.

Auch bei der Aufstellung der Formel für die Knickbiegelinie werden wir zunächst wieder nur symmetrische Lösungen ins Auge fassen. Da alle $\vartheta_k = 0$ sind und für die Stützpunkte $\eta_0 = \eta_1 = \eta_2 = 0$ ist, so ist gemäß Gl. (44) $\eta(x) = u(x)$. Nach Gl. (43) ist daher, wenn man beachtet, daß $M_1 = M_2$ ist,

$$0\text{—}1: \qquad \eta(x_1) = \frac{M_1}{\lambda}\left(\frac{\sin\gamma_1 \frac{x_1}{l_1}}{\sin\gamma_1} - \frac{x_1}{l_1}\right),$$

$$1\text{—}2: \qquad \eta(x_2) = \frac{M_1}{\lambda}\left(\frac{\sin\gamma_2\left(1 - \frac{x_2}{l_2}\right) + \sin\gamma_2 \frac{x_2}{l_2}}{\sin\gamma_2} - 1\right) = \frac{M_1}{\lambda}\left(\frac{\cos\gamma_2\left(\frac{1}{2} - \frac{x_2}{l_2}\right)}{\cos\frac{\gamma_2}{2}} - 1\right).$$

Für den Bereich 2—3 wurde der Symmetrie wegen die Formel für $\eta(x_3)$ nicht besonders angeschrieben. Das Moment M_1 ist in diesem Falle die in der allgemeinen Ableitung erwähnte willkürliche Konstante, wir setzen der Einfachheit halber $M_1 = \lambda$ und nehmen die Normierung nach Gl. (46) und (48) vor. Gl. (48) ergibt nach Ausführung der Integration

$$N^2 = \frac{\gamma_1^2}{l_1 \sin^2\gamma_1} - \frac{1}{l_1} + \frac{\gamma_2^2}{2\, l_2 \cos^2\frac{\gamma_2}{2}}, \quad \ldots \ldots \quad (54)$$

so daß schließlich

$$\left.\begin{aligned} 0\text{—}1: \qquad \varphi(x_1) &= \frac{1}{N}\left(\frac{\sin\gamma_1 \frac{x_1}{l_1}}{\sin\gamma_1} - \frac{x_1}{l_1}\right), \\ 1\text{—}2: \qquad \varphi(x_2) &= \frac{1}{N}\left(\frac{\cos\gamma_2\left(\frac{1}{2} - \frac{x_2}{l_2}\right)}{\cos\frac{\gamma_2}{2}} - 1\right) \end{aligned}\right\} \quad \ldots \quad (55)$$

ist. Zur Berechnung der Momente nach Gl. (21) benötigt man auch die Werte der Funktionen $\frac{\mu(x)}{\lambda}$, wobei $\mu_i(x)$ durch Gl. (20)

$$\mu_i(x) = - EJ(x)\, \varphi_i''(x)$$

definiert ist. Setzt man die Gl. (55) in diese Gleichung ein und beachtet, daß

$$\lambda = \gamma_1^2 \frac{EJ_1}{l_1^2} = \gamma_2^2 \frac{EJ_2}{l_2^2}$$

ist, dies folgt aus Gl. (38), so ergibt sich

$$\left.\begin{aligned} 0\text{—}1{:}\quad & \frac{\mu(x_1)}{\lambda} = \frac{1}{N}\,\frac{\sin\gamma_1 \frac{x_1}{l_1}}{\sin\gamma_1}, \\ 1\text{—}2{:}\quad & \frac{\mu(x_2)}{\lambda} = \frac{1}{N}\,\frac{\cos\gamma_2\left(\frac{1}{2}-\frac{x_2}{l_2}\right)}{\cos\frac{\gamma_2}{2}}. \end{aligned}\right\} \quad \ldots\ldots \quad (56)$$

Da auch die Funktionswerte $\frac{\mu(x)}{\lambda}$ symmetrisch sind, wurde die Formel für den Bereich 2—3 nicht mehr angegeben. Die Berechnung der Funktionen $\varphi(x)$ und $\frac{\mu(x)}{\lambda}$ erfolgt am besten gemeinsam, da die auftretenden trigonometrischen Ausdrücke in beiden Funktionen die gleichen sind. Dies gilt nicht nur in diesem Sonderfalle, sondern ganz allgemein.

In ganz ähnlicher Weise erfolgt die Ableitung der Formeln für die antisymmetrischen Lösungen. Jetzt ist $M_1 = -M_2$, daher folgt aus den Gl. (52)

$$l_1' c_1 + l_2' c_2 - l_2' s_2 = 0. \quad \ldots\ldots\ldots\ldots \quad (57)$$

Die weitere Rechnung zeigt nichts Neues mehr, so daß wir sie übergehen können. Ihr Ergebnis ist in Abschnitt **g** enthalten.

Die zahlenmäßige Bestimmung der Eigenlösungen geschieht in folgender Weise. Aus den Gl. (38) folgt

$$\gamma_1 = \frac{l_1}{l_2}\sqrt{\frac{J_2}{J_1}}\,\gamma_2.$$

Man wählt nun einen Wert γ_2, bestimmt nach dieser Gleichung den zugehörigen Wert γ_1 und setzt die Werte von $s(\gamma)$ und $c(\gamma)$, welche aus den Tabellen auf S. 48 ff. entnommen werden, in die Knickbedingung (53) ein. Durch mehrmaliges, probeweises Einsetzen erhält man schließlich die Wurzeln von Gl. (53). Man bestimmt zuerst die kleinste Wurzel und schreitet zu den größeren fort, da die kleinen γ nach Gl. (38) zu kleinen Eigenwerten λ gehören und bei der Rechnung nur die zu den ersten, also kleinsten Eigenwerten gehörenden Eigenfunktionen berücksichtigt werden. Über die Anzahl der zu bestimmenden Eigenwerte und Eigenlösungen siehe S. 24. Wenn ein die Gleichung (53) erfüllendes Wertpaar γ_1, γ_2 gefunden wurde, so bestimmt man aus Gl. (54) den zugehörigen Wert N. Die Gl. (55) und (56) ergeben dann die Funktionen $\varphi(x)$ und $\frac{\mu(x)}{\lambda}$, welche für eine Anzahl von Punkten (nämlich die Angriffspunkte der Hängestangen, siehe den folgenden Abschnitt **e**) zu berechnen und in einer Tabelle zusammenzustellen sind.[1]

[1] Bei diesen Rechnungen benötigt man ausführliche Tafeln der Funktionen sin und cos, in welchen das Argument nicht in Graden, sondern im Bogenmaß gegeben ist. Solche Tafeln sind in dem Tafelwerk K. Hayashi, Sieben- und mehrstellige Tafeln der Kreis- und Hyperbelfunktionen usw., Verlag Julius Springer, Berlin 1926, enthalten.

e) Bemerkungen zum praktischen Rechnungsgang.

Berechnungsweise mit Einzellasten.

Wir haben in den vorangehenden allgemeinen Ableitungen angenommen, daß die Lasten $g(x)$ und $p(x)$ sowie die Hängestangenkräfte $z(x)$ stetig verteilt seien. Nun greifen aber in Wirklichkeit diese Lasten als Einzellasten in den Querträger- und Hängestangenanschlußpunkten am Hauptträger an. Der Fehler, den man bei Berechnung von Momenten und Durchbiegungen begeht, wenn man trotzdem mit verteilten Lasten rechnet, ist, wie allgemein bekannt, verhältnismäßig klein. Dagegen ist der Fehler bei der Berechnung der Querkräfte erheblich, er erreicht auch bei dicht ausgeteilten Hängestangen noch 10%.[1]) Nun gelten die oben abgeleiteten allgemeinen Gleichungen ohne wesentliche Vernachlässigung auch für Einzellasten $G(k)$ und $P(k)$. Wir werden daher im folgenden mit Knotenlasten rechnen, welche in jenen Punkten angreifen, wo die Querträger und Hängestangen an den Hauptträger angeschlossen sind. Diese Berechnungsweise ist genauer und hat den besonderen Vorteil, daß bei der praktischen Rechnung keine Integrationen, sondern nur Summationen vorzunehmen sind, die zahlenmäßig sehr einfach durchgeführt werden können. Auch in einigen anderen Punkten ergibt die Annahme von Knotenlasten nennenswerte Vereinfachungen.

Wir führen im folgenden jene Formeln kurz an, die sich infolge der Einführung von Knotenlasten gegenüber der früheren Darstellung ändern. Dabei ist der übliche Fall angenommen, daß die Querträger nur in den Hängestangenanschlußpunkten k angreifen. An Stelle der Gl. (16) für die Lastwerte a_i und Grundwerte b_i ergeben sich die beiden Gleichungen

$$a_i = \sum_k P(k)\,\varphi_i(k), \qquad b_i = -\frac{1}{H_g}\sum_k G(k)\,\varphi_i(k). \quad . \; . \; . \quad (58)$$

Die weiteren Gleichungen (17) bis (19) enthalten die Lasten nicht unmittelbar und bleiben daher ungeändert. Auch in der Gl. (21) zur Berechnung der Momente tritt keine Änderung ein. Dagegen sind in den Formeln (23) und (23') für die Querkräfte die Differentialquotienten durch die Differenzen zu ersetzen. Bezeichnen wir die Querkraft in einem Felde $k-1$, k jeweils mit Q_k und die Länge dieses Feldes mit e_k, so tritt an Stelle von Gl. (23) die Gleichung

$$Q(k) = \mathfrak{Q}(k) - \frac{H_p}{e_k}\,[\bar{y}(k) - \bar{y}(k-1)] - \frac{H}{e_k}\,[\bar{\eta}(k) - \bar{\eta}(k-1)] \qquad (59)$$

und an Stelle von Gl. (23') die Gleichung

$$Q(k) = \mathfrak{Q}(k) - \frac{H_p}{e_k}\,[y(k) - y(k-1)] - \frac{H}{e_k}\,[\eta(k) - \eta(k-1)]. \qquad (59').$$

In diesen Gleichungen bedeutet $\mathfrak{Q}(k)$ die Querkraft im Felde $k-1$, k, welche von der Belastung $P(k)$ im Versteifungsträger ohne Kette hervorgerufen wird. Die Kraft in der k-ten Hängestange folgt aus

---

[1]) Dieser große Fehler rührt hauptsächlich daher, daß man bei der Rechnung mit verteilter Last die Kettenneigung mit einem unrichtigen Wert in die Rechnung einführt, da man mit einer stetigen Kettenlinie, statt mit dem tatsächlichen Kettenpolygon rechnet.

$$Z(k) = \frac{H}{e_k}[y(k) - y(k-1) + \eta(k) - \eta(k-1)] + \frac{H}{e_{k+1}}[y(k) - y(k+1) + \\ + \eta(k) - \eta(k+1)]. \qquad (60)$$

Die Gl. (58) bis (60) zeigen, daß die Werte der Funktionen $\varphi_i(x)$ bzw. $\mu_i(x)$ nur in den Knotenpunkten bekannt sein müssen, die Werte in Zwischenpunkten dagegen für die Rechnung belanglos sind. Man berechnet daher nach den im vorigen Abschnitt gefundenen Formeln die Werte von φ_i und μ_i in den Knotenpunkten k und stellt sie in kleinen Tafeln zusammen.

Anzahl der zu berechnenden Eigenlösungen.

Es ist noch die Frage zu erörtern, wie viele Funktionen φ_i bzw. μ_i zu berücksichtigen sind, um eine ausreichende Genauigkeit zu erhalten. Die Konvergenz der auftretenden Reihen

$$\sum d_i \varphi_i(k) \qquad \text{bezw.} \qquad \sum d_i \frac{\mu_i(k)}{\lambda_i}$$

ist so gut, daß es bei einfeldrigen Hängebrücken bei Spannweiten von 300—400 m ausreichend ist, fünf Ansatzfunktionen zu verwenden, um eine für praktische Berechnungen ausreichende Genauigkeit zu erreichen. Man kann sich im allgemeinen an die Regel halten, daß mindestens alle jene Funktionen φ_i zu verwenden sind, deren zugehörige $\lambda_i < 6\, H_g$ bis $10\, H_g$ sind. Die untere Grenze $6\, H_g$ gilt für Brücken von etwa 500 m Spannweite und mehr, während die obere Grenze für kleinere Hängebrücken von 200—300 m Spannweite gilt. Bei mehrfeldrigen Hängebrücken mit kontinuierlichen Trägern als Versteifungsträger empfiehlt es sich, die untere Grenze um etwa $2\, H_g$ auf $8\, H_g$ zu erhöhen. Bei dreifeldrigen Brücken ergibt diese Regel 10 bis 12 Ansatzfunktionen. Es ist natürlich, daß man bei vorläufigen Berechnungen, bei welchen eine geringere Genauigkeit ausreichend ist, die Anzahl der Ansatzfunktionen herabsetzen kann.

Neuberechnung der Eigenlösungen φ_i bei Veränderung der Trägheitsmomente.

Es sei auf eine wichtige Eigenschaft der Eigenlösungen $\varphi_i(x)$ und zugehörigen Momentenlinien $\frac{\mu_i(x)}{\lambda_i}$ hingewiesen. Die Eigenlösungen $\varphi_i(x)$ sind nicht vom absoluten Werte des Trägheitsmomentes des Versteifungsträgers abhängig, sondern nur vom Verhältnis der Trägheitsmomente an den verschiedenen Stellen. Wenn man daher die Werte von $\varphi_i(x)$ und $\frac{\mu_i(x)}{\lambda_i}$ für einen bestimmten Fall berechnet hat und man ändert alle Trägheitsmomente gleichmäßig durch Multiplikation mit einem Faktor m, ohne die sonstigen Abmessungen zu ändern, so bleiben die Werte von $\varphi_i(x)$ und $\frac{\mu_i(x)}{\lambda_i}$ ungeändert, dagegen sind die Eigenwerte λ_i in $m\,\lambda_i$ zu ändern.

Hängebrücken, deren Eigengewicht nicht vollständig vom Kabel getragen wird.

Wir haben am Beginn der theoretischen Überlegungen vorausgesetzt, daß das gesamte Eigengewicht g vom Kabel getragen wird und daß der Durchhang

$y(x)$ den Durchhang des mit dem Eigengewicht belasteten Kabels bei Normaltemperatur bedeutet. Nun wird die Voraussetzung, daß die gesamte ständige Last g vom Kabel allein getragen wird, häufig nicht erfüllt sein.

Das in diesem Buche dargestellte Verfahren läßt sich jedoch auch in solchen Fällen verwenden, wenn man wie folgt vorgeht. Bezeichnet allgemein H_g den Horizontalschub, M_g die Momente, Q_g die Querkräfte und $y(x)$ den Kabeldurchhang, die durch den Montagevorgang in der fertigen Hängebrücke bei Normaltemperatur entstanden sind, so lassen sich aus diesen Größen die Hängestangenkräfte $Z_g(k)$ ermitteln. Die weitere Berechnung unterscheidet sich von dem bisher dargelegten Rechnungsgang nur dadurch, daß in der zweiten Gl. (58) zur Bestimmung der Grundwerte b_i die Eigengewichtsknotenlasten $G(k)$ durch die Hängestangenkräfte $Z_g(k)$ infolge des Eigengewichtes zu ersetzen sind. Es ist dann

$$b_i = -\frac{1}{H_g} \sum_k Z_g(k)\, \varphi_i(k). \quad \ldots \ldots \ldots \quad (61)$$

Bezeichnet man die Abstände der Hängestangen mit e_k, so gilt

$$Z_g(k) = H_g \left[\frac{y(k) - y(k-1)}{e_k} + \frac{y(k) - y(k+1)}{e_{k+1}}\right]. \quad \ldots \quad (62)$$

Nun kann man Durchbiegungen η, Momente M und Querkräfte Q von der Nutzlast und Temperaturänderung in gleicher Weise berechnen wie bisher und hat bloß am Schluß, um die gesamten Momente und Querkräfte zu erhalten, zu M und Q noch die Eigengewichtswerte M_g und Q_g additiv zuzuschlagen. Der beschriebene Vorgang ist kein Näherungsvorgang, sondern streng richtig.

Sehr häufig liegt der hier erwähnte Fall so: Es wird durch den Montagevorgang erreicht, daß ein Anteil g_1 des Eigengewichtes voll vom Kabel getragen wird und daß nach Aufbringen dieses Teiles g_1 des Eigengewichtes das Tragsystem der Hängebrücke wirksam wird, so daß das restliche Eigengewicht g_2 von der ganzen Hängebrücke getragen wird. Dann ermittelt man zunächst den Durchhang $y_1(x)$ und den Horizontalzug H_1 vom Eigengewicht g_1 und berechnet nach dem in den vorangehenden Abschnitten dargelegten Verfahren die von der Belastung g_2 hervorgerufene Änderung des Horizontalzuges H_2, die Momente M_g, die Querkräfte Q_g und die Durchbiegung η_g. Man erhält jetzt den gesamten vom Eigengewicht herrührenden Horizontalzug

$$H_g = H_1 + H_2$$

sowie den gesamten Durchhang

$$y(x) = y_1(x) + \eta_g(x).$$

Die weitere Rechnung erfolgt in der oben dargelegten Weise unter Benützung der Gl. (61) und (62).[1]

[1] In diesem Falle hätte man allerdings auch anders vorgehen können. Wenn man nur den Eigengewichtsteil g_1 als ständige Last betrachtet, den Anteil g_2 dagegen für die Rechnung zur Nutzlast zählt, so hätte man ganz in der gewöhnlichen Weise rechnen können. Jede Nutzlaststellung besteht dann aus zwei Teilen, einer Vollbelastung g_2 und einer Belastung p in ungünstigster Stellung. Diese Art der Rechnung macht aber mehr Arbeit als der im Text geschilderte Vorgang.

f) Die ungünstigsten Laststellungen.

Da bei der Berechnung von Hängebrücken nach der genauen Theorie das Superpositionsprinzip seine Geltung verliert, ist es nicht mehr möglich, in der üblichen Weise Einflußlinien zu zeichnen und daraus Laststellungen für die Berechnung der Größtmomente, Querkräfte usw. zu entnehmen. Man muß entweder durch Probieren mehrerer Laststellungen die ungünstigste ermitteln, was eine recht mühevolle Arbeit ist, oder man muß sich damit begnügen, die ungünstigsten Laststellungen, die bei der Berechnung nach der Näherungstheorie erhalten wurden, als näherungsweise gültig in die genaue Theorie zu übernehmen. Dieses zweite, wesentlich einfachere Verfahren liefert zwar bei kleinen, verhältnismäßig steifen Brücken noch gute Resultate; es fehlt aber ein einfaches Mittel zur Abschätzung der Fehler, um zu entscheiden, ob bei einer vorliegenden Brücke dieses Verfahren noch angewendet werden darf oder nicht.

Im folgenden wird ein ganz anderer Weg eingeschlagen, welcher gestattet, die ungünstigsten Laststellungen mit ausreichender Genauigkeit ohne Probieren zu bestimmen. Den zugrunde liegenden Gedanken erläutern wir zunächst an dem einfachen Falle einer einfeldrigen Hängebrücke, deren Versteifungsträger unveränderliches Trägheitsmoment J hat.

Die Differentialgleichung für die Durchbiegung $\eta(x)$ dieser Hängebrücke lautet nach Gl. (3)

$$E J \eta^{\mathrm{IV}}(x) - (H_g + H_p)\, \eta''(x) = p(x) + H_p\, y''(x) \quad \text{. . . . . (63)}$$

H_p kann aus Gl. (7)

$$H_p \frac{L}{E_k F_k^0} \pm \varepsilon t L_t + \int y''(x)\, \eta(x)\, dx = 0 \quad \text{. . . . . (64)}$$

bestimmt werden. Momente und Querkräfte sind durch die einfachen Gleichungen

$$M(x) = - E J \eta''(x), \qquad Q(x) = - E J \eta'''(x) \quad \text{. . . . . . (65)}$$

bestimmt. Wir nehmen nun an, die Belastung $p(x)$ sei unendlich klein; dann müssen auch $\eta(x)$ und H_p kleine Größen sein. Das in der Differentialgleichung (63) auftretende Glied $H_p\, \eta''(x)$ ist dann von höherer Ordnung klein als die übrigen Ausdrücke und kann vernachlässigt werden. Die Differentialgleichung lautet sonach

$$E J \eta^{\mathrm{IV}}(x) - H_g\, \eta''(x) = p(x) + H_p\, y''(x) \quad \text{. . . . . . . (66)}$$

In den Gl. (64) und (65) ändert sich nichts, wenn wir $p(x)$ als sehr klein ansehen.

Nun sind aber die Gl. (64), (65) und (66) in den von der Belastung abhängenden Gliedern $p(x)$, $\eta(x)$ und H_p linear. Es gilt daher für unendlich kleine Lasten das Superpositionsprinzip mit allen seinen Folgerungen. Es bleibt insbesondere der Maxwellsche Satz von der Gegenseitigkeit der Verschiebungen aufrecht und es ist möglich, Einflußlinien anzugeben und zu verwenden.

Man kann nun versuchen, die Differentialgleichung (66) näherungsweise auch für nicht mehr unendlich kleine Lasten zu verwenden. Wir wollen diese Berechnungsweise, weil sie den linearen Zusammenhang zwischen Last und Durchbiegung wiederherstellt, als quasilineares Verfahren bezeichnen. Es ist wichtig zu bemerken, daß das quasilineare Verfahren zwar die Gültigkeit des Superpositionsprinzips wieder herstellt, sich aber von der Näherungstheorie wesentlich unterscheidet, und zwar durch das Glied $H_g \eta''(x)$ in Gl. (66), welches in der entsprechenden Differentialgleichung der Näherungstheorie nicht auftritt. Durch dieses Glied erscheint der Einfluß der Formänderungen näherungsweise berücksichtigt.[1])

Der Sinn der Vereinfachung, die zum quasilinearen Verfahren führt, wird durch die folgende Überlegung klar. Wir denken uns die Belastung einer Hängebrücke von kleinen Werten an anwachsend, und zwar so, daß sich nicht die Laststellung ändere, sondern daß nur die Größe aller Lasten gleichmäßig wachse. Wir betrachten z. B. die Durchbiegung η an irgendeiner Stelle und stellen ihr Anwachsen mit der Belastung in einem Schaubild dar. Als Abszisse, siehe Abb. 8, werde die gesamte Belastung ΣP aufgetragen, als Ordinate die Durchbiegung η. Es ergibt sich dann die in der Abbildung voll gezeichnete Linie. Die Durchbiegung η wächst langsamer als ΣP. Berechnet man aber die Werte η nach der Näherungstheorie und trägt sie ein, so erhält man die in Abb. 8 strichliert gezeichnete Gerade, welche überall größere Werte η liefert als die genaue Theorie. Berechnet man schließlich die aus dem quasilinearen Verfahren folgenden Werte η, so erhält man die strichpunktiert gezeichnete Gerade. Diese Gerade muß die Kurve der genauen Theorie im Ursprung tangieren, da die quasilineare Theorie für sehr kleine Lasten genau richtige Werte liefert. Die Ergebnisse des quasilinearen Verfahrens liegen zwischen den Ergebnissen der genauen Theorie und der Näherungstheorie, aber wesentlich näher den Ergebnissen der genauen Theorie. Was hier für die Durchbiegung η angegeben ist, gilt in gleicher Weise für Momente oder Querkräfte. Die Annäherung an die genaue Theorie ist um so besser, je kleiner das Verhältnis $\frac{p}{g}$ ist.

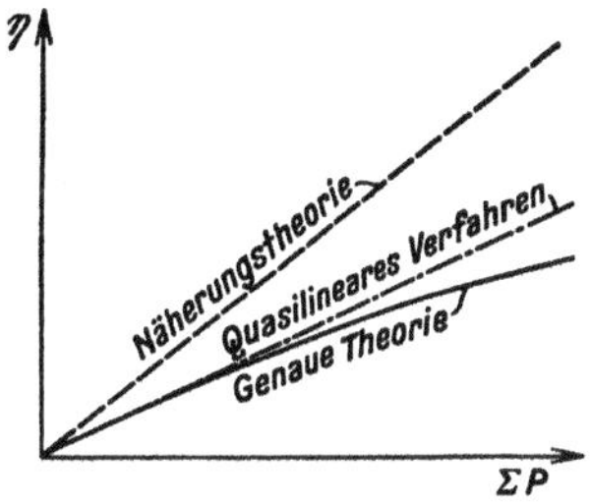

Abb. 8.

In den Abb. 9, 10 und 11 sind die Einflußlinien nach der quasilinearen, sowie nach der Näherungstheorie von Durchbiegungen, Momenten und Querkräften für drei einfeldrige Hängebrücken gezeichnet. Bei ihrer Bestimmung zeigt sich, daß die Unterschiede zwischen Näherungstheorie und quasilinearer Theorie wesentlich vom Werte $\Phi = l\sqrt{\frac{H_g}{EJ}}$ abhängen. Ist dieser Wert gleich Null, so stimmen die Ergebnisse beider Theorien überein, je größer Φ wird, um so größer werden die Unterschiede. Der Fall $\Phi = 5$, Abb. 9, entspricht etwa einer Brücke von 300 m Spannweite, während $\Phi = 30$, Abb. 11, bereits zu einer Brücke von 1000 m Spannweite mit sehr schwachen Versteifungsträgern gehört.[2])

[1]) Wie ich nachträglich festgestellt habe, hat T. Godard bereits im Jahre 1894 in der Abhandlung: Résistance des tabliers des ponts suspendus, Annales des ponts et chaussées 1894, vorgeschlagen, näherungsweise an Stelle der genauen Differentialgleichung (63) die Differentialgleichung (66) zu verwenden. Er zeigte, daß dann das Superpositionsprinzip gültig bleibt und daß man wieder mit Einflußlinien arbeiten kann. Seine Abhandlung war aber recht unübersichtlich abgefaßt, auch hat es der Verfasser unterlassen, den Sinn und Einfluß der vorgeschlagenen Vernachlässigung klarzustellen.

[2]) Der Washington-Brücke in New-York mit rund 1067 m Spannweite entspricht $\Phi = 35$.

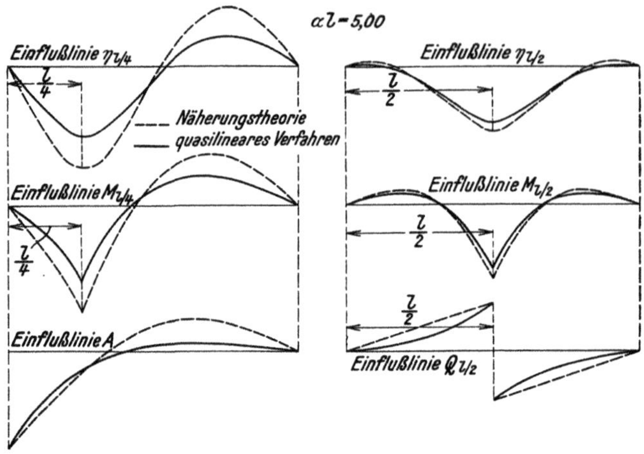

Abb. 9.

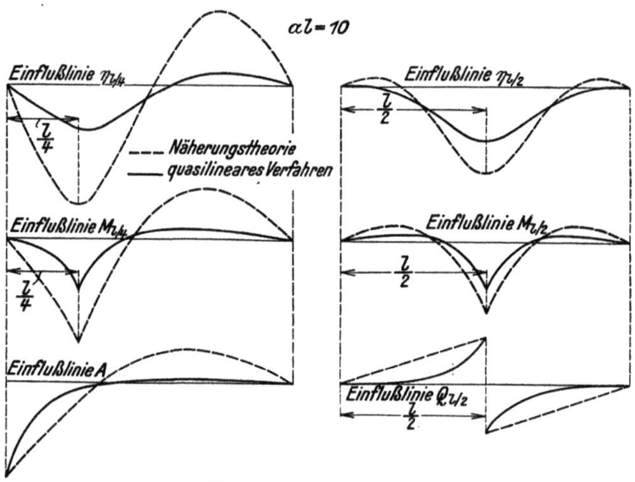

Abb. 10.

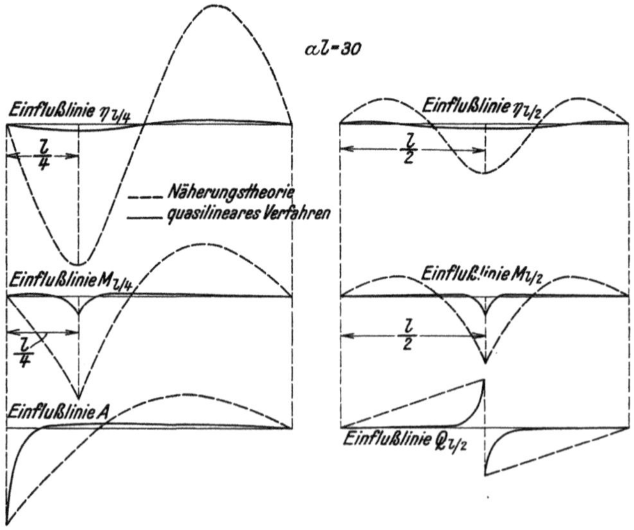

Abb. 11.

Man erkennt aus diesen Abbildungen, daß die Unterschiede in den Flächen der Einfußlinien sehr groß sind, die Lastscheidepunkte sich aber verhältnismäßig wenig verschieben. Erhebliche Änderungen in den ungünstigsten Laststellungen ergeben sich erst bei den größten bisher ausgeführten Hängebrücken. Nun wurde schon oben bemerkt, daß die Unterschiede zwischen quasilinearer und genauer Theorie viel geringer sind als die Unterschiede zwischen Näherungstheorie und quasilinearer Theorie. Bedenkt man weiters, daß kleine Fehler in den ungünstigsten Belastungslängen das Endergebnis nur sehr wenig beeinflussen können, da Lasten in unmittelbarer Nähe der Lastscheidepunkte von sehr geringem Einfluß sind, so sieht man ein, daß die Bestimmung der ungünstigsten Laststellungen nach der quasilinearen Theorie praktisch ausreichend genau ist.

Wie im vorigen Abschnitt angedeutet wurde, arbeitet das in diesem Buche dargelegte Verfahren mit Knotenlasten. Nach Feststellung der maßgebenden Belastungslänge für die gleichmäßige Belastung mit p mit Hilfe der quasilinearen Einflußlinien wäre von Fall zu Fall diese Belastung auf die einzelnen Knoten aufzuteilen, wobei dann auf die Knoten, die in der Nähe der Belastungsenden liegen, im allgemeinen keine vollen Feldbelastungen entfallen werden. Die Rechnungsarbeit wird aber außerordentlich vereinfacht, wenn man alle im betrachteten Einflußbereich liegenden Knoten als voll belastet annimmt, alle anderen Knotenpunkte aber als unbelastet ansieht. Der Fehler, den man dadurch begeht, ist sehr klein, weit unter $1^0/_0$, und dabei rechnet man immer etwas zu ungünstig. Wir werden diese Methode der vollen Knotenlasten im weiteren stets verwenden.

Unsere nächste Aufgabe ist es, die Formeln zur Ermittlung der quasilinearen Einflußlinien kurz abzuleiten. Die grundlegende Differentialgleichung des quasilinearen Verfahrens lautet

$$[EJ(x)\,\eta''(x)]'' - H_g\,\eta''(x) = p(x) + H_p\,y''(x). \quad . \quad . \quad . \quad . \quad (67)$$

Diese Gleichung unterscheidet sich von Gl. (3) der genauen Theorie nur dadurch, daß auf der linken Seite H_g an Stelle von H tritt, während die Gl. (7) zur Bestimmung von H_p unverändert übernommen werden kann. Die Differentialgleichung (67) kann daher nach der gleichen Methode mit denselben Eigenfunktionen $\varphi_i(x)$ gelöst werden wie Gl. (3) und es können alle Ergebnisse übertragen werden; man hat nur H durch H_g zu ersetzen. Dabei zeigt sich die wichtige Vereinfachung, daß aus Gl. (19) die zur Bestimmung von H_p dient, eine lineare Gleichung wird. Es folgt aus ihr unmittelbar die Gleichung der Einflußlinie des Horizontalzuges

$$H(\xi) = -\frac{\sum_i \frac{b_i}{\lambda_i + H_g}\,\varphi_i(\xi)}{\frac{L}{E_k F_k^0} + \sum_i \frac{b_i^2}{\lambda_i + H_g}}. \quad . \quad . \quad . \quad . \quad . \quad . \quad . \quad . \quad (68)$$

In dieser Gleichung gibt ξ den Lastort an. Bei der praktischen Rechnung erweist es sich als vorteilhaft, auch die Änderung H_t des Horizontalzuges infolge Temperaturänderung nach dem quasilinearen Verfahren zu kennen. Es ist

$$H_t = \frac{\mp\,\varepsilon\,t\,L_t}{\frac{L}{E_k F_k^0} + \sum_i \frac{b_i^2}{\lambda_i + H_g}}. \quad . \quad . \quad . \quad . \quad . \quad . \quad . \quad . \quad . \quad (69)$$

Für die Einflußlinie der Durchbiegung im Knoten k, $\eta_k(\xi)$ infolge einer Last 1 im Punkte ξ ergibt sich mit Rücksicht auf den Maxwellschen Satz: $\eta_k(\xi) = \eta_\xi(k)$, aus Gl. (18) und der ersten Gl. (58) der Ausdruck

$$\eta_k(\xi) = \sum_i d_i(k)\,\varphi_i(\xi), \quad \text{mit} \quad d_i(k) = \frac{\varphi_i(k) + b_i H(k)}{\lambda_i + H_g}, \quad . \quad . \quad . \quad . \quad (70)$$

wobei $H(k)$ aus Gl. (68) für $\xi = k$ entnommen wird.

Die größten Neigungen der Fahrbahn geben in der Regel ein besseres Bild von der Steifigkeit einer Brücke als die größten Durchbiegungen. Die Neigung ψ_k zwischen zwei Knotenpunkten $k-1$, k, die den Abstand e_k haben, ist $\psi_k = \frac{\eta_k - \eta_{k-1}}{e_k}$ und ihre Einflußlinie ergibt sich aus Gl. (70) in der Form

$$\psi_k(\xi) = \frac{\eta_k(\xi) - \eta_{k-1}(\xi)}{e_k}. \quad . \quad . \quad . \quad . \quad . \quad . \quad . \quad . \quad . \quad . \quad (71)$$

Die Einflußlinien von Momenten und Querkräften lassen sich einfach darstellen, wenn man die Hilfsfunktion

$$\overline{H}(k) = -\frac{\sum_i \frac{b_i}{\lambda_i + H_g} \cdot \frac{\mu_i(k)}{\lambda_i}}{\frac{L}{E_k F_k^0} + \sum_i \frac{b_i^2}{\lambda_i + H_g}} \quad . \quad . \quad . \quad . \quad . \quad . \quad . \quad (72)$$

einführt. Dann ist die Einflußlinie der reduzierten Durchbiegung[1])

$$\overline{\eta}_k(\xi) = \sum_i \overline{d}_i(k)\,\varphi_i(\xi) \quad \text{mit} \quad \overline{d}_i(k) = \frac{\frac{\mu_i(k)}{\lambda_i} + b_i \overline{H}(k)}{\lambda_i + H_g}. \quad . \quad . \quad . \quad (73)$$

In dem Sonderfalle, wo der Versteifungsträger aus einfachen Balken besteht, ist $\overline{\eta}_k(\xi) = \eta_k(\xi)$, $\overline{d}_i(k) = d_i(k)$ und $\overline{H}(k) = H(k)$, so daß Gl. (72) und (73) in Gl. (68) und (70) übergehen.

Die Einflußlinie des Biegungsmomentes im Knoten k lautet (entspricht Gl. (21))

$$M_k(\xi) = \mathfrak{M}_k(\xi) - \overline{y}(k)\,H(\xi) - H_g\,\overline{\eta}_k(\xi). \quad . \quad . \quad . \quad . \quad . \quad . \quad (74)$$

$H(\xi)$ ist aus Gl. (68) zu entnehmen, $\mathfrak{M}_k(\xi)$ bedeutet die Einflußlinie des Momentes im Punkte k im Versteifungsträger ohne Kette.

Für die Querkraft im Felde $k-1$, k gilt die Einflußliniengleichung (folgt aus Gl. (59))

$$Q_k(\xi) = \mathfrak{Q}_k(\xi) - [\overline{y}(k) - \overline{y}(k-1)]\,\frac{H(\xi)}{e_k} - [\overline{\eta}_k(\xi) - \overline{\eta}_{k-1}(\xi)]\,\frac{H_g}{e_k}. \quad . \quad . \quad (75)$$

$\mathfrak{Q}_k(\xi)$ bedeutet die Einflußlinie der Querkraft im Felde $k-1$, k im Versteifungsträger ohne Kette.

---

[1]) Die reduzierte Durchbiegung im Punkte k infolge einer Last 1 im Punkte ξ ist gemäß Gl. (22)

$$\overline{\eta}_k(\xi) = \sum d_i(\xi)\,\frac{\mu_i(k)}{\lambda_i},$$

wobei $d_i(\xi)$ aus der zweiten Gl. (70) zu entnehmen ist. Setzt man noch $H(\xi)$ nach Gl. (68) ein, so erhält man nach Umordnung schließlich Gl. (72) und (73).

Die Einflußlinie für die Hängestangenkraft $Z_k(\xi)$ ergibt sich aus

$$Z_k(\xi) = H(\xi)\left[\frac{y(k) - y(k-1)}{e_k} + \frac{y(k) - y(k+1)}{e_{k+1}}\right] + $$
$$+ H_g\left[\frac{\eta_k(\xi) - \eta_{k-1}(\xi)}{e_k} + \frac{\eta_k(\xi) - \eta_{k+1}(\xi)}{e_{k+1}}\right]. \quad \ldots \ldots \quad (76)$$

Es kommt zuweilen vor, daß Versteifungsträger als Fachwerke von veränderlicher Höhe ausgeführt werden. Die Einflußlinien für die Stabkräfte solcher Fachwerke sind nach den in der Statik üblichen Regeln aus den Einflußlinien für die Momente und Querkräfte zusammen zu setzen.

Mit Hilfe der Einflußlinien bestimmt man jeweils die ungünstigsten Laststellungen. Da man die Lage der Lastscheiden wenigsten nach der Näherungstheorie beiläufig kennt, so genügt es, die Ordinaten der Einflußlinien jeweils in den der Lastscheide benachbarten Knotenpunkten zu berechnen.

g) Zusammenstellung der Berechnungsformeln für die wichtigsten Hängebrückensysteme.

Die in dieser Zusammenstellung enthaltenen Gleichungen setzen, wenn nichts anderes bemerkt ist, voraus, daß die Hängebrücken so montiert seien, daß die Eigengewichtsknotenlasten $G(k)$ bei Normaltemperatur vom Kabel allein getragen werden, ohne Momente im Versteifungsträger hervorzurufen. Sollte diese Voraussetzung nicht erfüllt sein, so sind die erforderlichen Änderungen in den Gleichungen nach den Angaben auf S. 24 zu berücksichtigen.

Über die Anzahl der zu verwendenden Eigenlösungen φ_i siehe die Erörterungen auf S. 24.

Näherungsformeln für die bei allen Hängebrückentypen auftretenden Größen L und L_t.

Die folgenden Formeln nehmen den Kettendurchhang als Parabel an, d. h. sie setzen das Eigengewicht als in jeder Öffnung konstant voraus. Sie dürfen ohne merklichen Fehler auch verwendet werden, wenn das Eigengewicht nicht mehr genau konstant ist, die größten Abweichungen aber unter 10% bleiben. Auch die Tatsache, daß die Hängestangenkräfte als Einzellasten angreifen, braucht im allgemeinen nicht berücksichtigt zu werden. Mit den in Abb. 12 eingetragenen Bezeichnungen gelten für den Fall einer dreifeldrigen Brücke, unabhängig vom System des Versteifungsträgers:

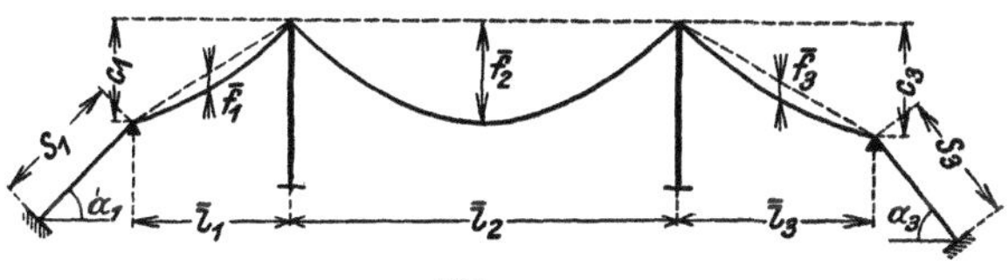

Abb. 12.

1. Hängegurtquerschnitt unveränderlich $F_k = F_k^0$ (Kabel)

$$L = \bar{l}_1\left(1 + 8\frac{\bar{f}_1^2}{\bar{l}_1^2} + \frac{3}{2}\frac{c_1^2}{\bar{l}_1^2}\right) + \bar{l}_2\left(1 + \frac{8\bar{f}_2^2}{\bar{l}_2^2}\right) + \bar{l}_3\left(1 + 8\frac{\bar{f}_3^2}{\bar{l}_3^2} + \frac{3}{2}\frac{c_3^2}{\bar{l}_3^2}\right) +$$
$$+ s_1 \sec^2 \alpha_1 + s_3 \sec^2 \alpha_3, \quad \ldots \ldots \quad (1)$$

$$L_t = \bar{l}_1\left(1 + \frac{16}{3}\frac{\bar{f}_1^2}{\bar{l}_1^2} + \frac{c_1^2}{\bar{l}_1^2}\right) + \bar{l}_2\left(1 + \frac{16}{3}\frac{\bar{f}_2^2}{\bar{l}_2^2}\right) + \bar{l}_3\left(1 + \frac{16}{3}\frac{\bar{f}_3^2}{\bar{l}_3^2} + \frac{c_3^2}{\bar{l}_3^2}\right) + + s_1 \sec\alpha_1 + s_3 \sec\alpha_3 \qquad (2)$$

2. Hängegurtquerschnitt angepaßt $F_k = F_k^0 \sec\alpha$ (Kette)

$$L = L_t = \bar{l}_1\left(1 + \frac{16}{3}\frac{\bar{f}_1^2}{\bar{l}_1^2} + \frac{c_1^2}{\bar{l}_1^2}\right) + \bar{l}_2\left(1 + \frac{16}{3}\frac{\bar{f}_2^2}{\bar{l}_2^2}\right) + \bar{l}_3\left(1 + \frac{16}{3}\frac{\bar{f}_3^2}{\bar{l}_3^2} + \frac{c_3^2}{l_3^2}\right) + + s_1 \sec\alpha_1 + s_3 \sec\alpha_3 \qquad (3)$$

Bei einfeldrigen Brücken ist in diesen Gleichungen $\bar{l}_1$ und $\bar{l}_3$ Null zu setzen.

In den folgenden Zusammenstellungen ist die Reihenfolge der Formeln so gewählt, wie sie bei der Anwendung benötigt wird, d. i. 1. die Bestimmung der Eigenlösungen $\varphi_i(x)$, 2. die Gleichungen der quasilinearen Einflußlinien zur Bestimmung der ungünstigsten Laststellungen und 3. die Formeln zur Ermittlung der Durchbiegungen, Momente, Querkräfte usw.

Fall A₁: Einfeldrige Hängebrücke. Versteifungsträger mit konstantem Trägheitsmoment nach Abb. 13.[1]

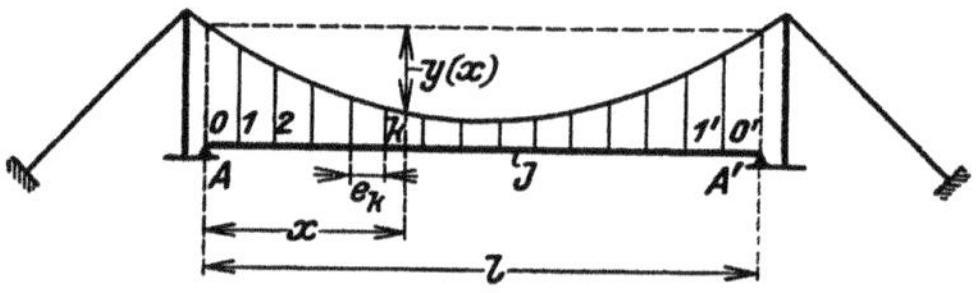

Abb. 13.

Eigenlösungen.

Eigenwerte: $\lambda_i = \frac{i^2 \pi^2 EJ}{l^2}$. $i = 1, 2, 3\ldots$ (4)

Eigenlösungen: $\varphi_i(x) = \frac{\sqrt{2l}}{i\pi} \sin\frac{i\pi x}{l}$ (5)

Grundwerte: $b_i = -\frac{1}{H_g}\sum_A^{A'} G(k)\,\varphi_i(k)$ (6)

Die Summe ist über alle Knotenpunkte k zu erstrecken.

Einflußlinien.

Einflußlinie des Horizontalzuges:

$$H(\xi) = -\frac{\sum_i \frac{b_i}{\lambda_i + H_g}\varphi_i(\xi)}{\frac{L}{E_k F_k^0} + \sum_i \frac{b_i^2}{\lambda_i + H_g}} \qquad (7)$$

L und L_t siehe oben.

---

[1]) Ein Zahlenbeispiel hierzu befindet sich auf S. 53.

Horizontalzug infolge Temperaturänderung $\pm t$:

$$H_t = \frac{\mp \varepsilon t L_t}{\frac{L}{E_k F_k^0} + \sum_i \frac{b_i^2}{\lambda_i + H_g}} \quad (8)$$

Einflußlinie für die Durchbiegung im Punkte k:

$$\eta_k(\xi) = \sum_i d_i(k)\, \varphi_i(\xi), \qquad d_i(k) = \frac{\varphi_i(k) + b_i H(k)}{\lambda_i + H_g} \quad (9)$$

Mit Hilfe der Einflußlinien $H(\xi)$ und $\eta_k(\xi)$ ergeben sich die Einflußlinien:

der Neigung im Felde $k-1, k$:

$$\psi_k(\xi) = \frac{\eta_k(\xi) - \eta_{k-1}(\xi)}{e_k}, \quad (10)$$

des Momentes im Punkte k:

$$M_k(\xi) = \mathfrak{M}_k(\xi) - y(k)\, H(\xi) - H_g\, \eta_k(\xi), \quad (11)$$

der Querkraft im Felde $k-1, k$:

$$Q_k(\xi) = \mathfrak{Q}_k(\xi) - \frac{y(k) - y(k-1)}{e_k} H(\xi) - H_g \frac{\eta_k(\xi) - \eta_{k-1}(\xi)}{e_k} \quad (12)$$

$\mathfrak{M}_k(\xi)$ und $\mathfrak{Q}_k(\xi)$ sind die Einflußlinien im Versteifungsträger ohne Hängegurt.

Genaue Berechnung.

Lastwerte: $$a_i = \sum P(k)\, \varphi_i(k) \quad (13)$$

Die Summe ist über die belasteten Knoten k zu erstrecken.

Der Horizontalzug H_p ergibt sich aus:

$$H_p \frac{L}{E_k F_k^0} \pm \varepsilon t L_t + \sum_i \frac{(a_i + b_i H_p)\, b_i}{\lambda_i + H_g + H_p} = 0. \quad (14)$$

Entwicklungskoeffizienten:

$$d_i = \frac{a_i + b_i H_p}{\lambda_i + H_g + H_p}. \quad (15)$$

Durchbiegung im Punkte k:

$$\eta(k) = \sum_i d_i\, \varphi_i(k). \quad (16)$$

Neigung im Felde $k-1, k$:

$$\psi(k) = \frac{\eta(k) - \eta(k-1)}{e_k}. \quad (17)$$

Moment im Punkte k:

$$M(k) = \mathfrak{M}(k) - H_p\, y(k) - (H_g + H_p)\, \eta(k) \quad (18)$$

Querkraft im Felde $k-1, k$:

$$Q(k) = \mathfrak{Q}(k) - H_p \frac{y(k) - y(k-1)}{e_k} - (H_g + H_p) \frac{\eta(k) - \eta(k-1)}{e_k}. \quad (19)$$

$\mathfrak{M}(k)$ und $\mathfrak{Q}(k)$ sind Moment und Querkraft, welche bei der untersuchten Stellung der Nutzlast im Versteifungsträger ohne Kette auftreten.

Fall A_2: Einfeldrige Hängebrücke. Veränderliches Trägheitsmoment des Versteifungsträgers nach Abb. 14.[1])

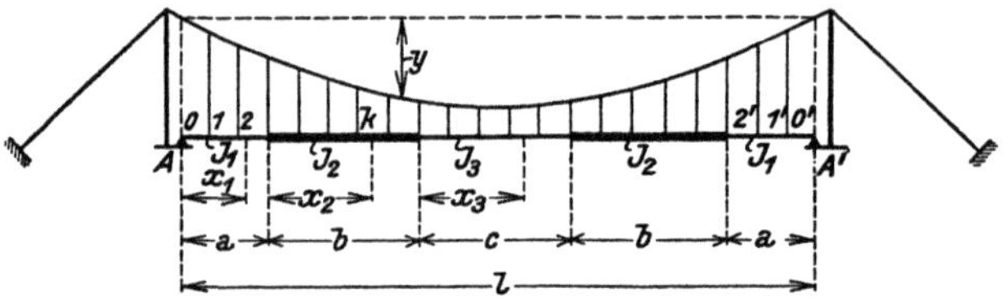

Abb. 14.

Eigenlösungen.

Man berechnet zuerst

$$a' = \frac{J_m}{J_1} a, \qquad b' = \frac{J_m}{J_2} b, \qquad c' = \frac{J_m}{J_3} c, \quad \ldots \ldots \quad (20)$$

wobei J_m ein beliebig gewähltes Trägheitsmoment bedeutet.

Die Ermittlung der Eigenwerte λ_i und Eigenlösungen φ_i erfolgt für symmetrische und antisymmetrische Lösungen nach verschiedenen Formeln.

Die zu symmetrischen Lösungen gehörenden Werte λ sind aus der folgenden Gleichung

$$\Delta \equiv \left[a'\left(c_1 - \frac{1}{\gamma_1^2}\right) + b'\left(c_2 - \frac{1}{\gamma_2^2}\right)\right]\left[b'\left(c_2 - \frac{1}{\gamma_2^2}\right) + c'\left(c_3 + s_3\right)\right] -$$

$$- b'^2\left(s_2 + \frac{1}{\gamma_2^2}\right)^2 = 0, \quad \ldots \ldots \ldots \quad (21)$$

$$\gamma_1 = a\sqrt{\frac{\lambda}{EJ_1}}, \qquad \gamma_2 = b\sqrt{\frac{\lambda}{EJ_2}}, \qquad \gamma_3 = c\sqrt{\frac{\lambda}{EJ_3}} \quad \ldots \quad (22)$$

zu bestimmen. Tafeln der hier auftretenden Funktionen $c_1 = c(\gamma_1)$ usw. und $s_1 = s(\gamma_1)$ usw. befinden sich auf S. 48ff.

Mit den Hilfswerten

$$\varrho = \frac{a'\left(c_1 - \frac{1}{\gamma_1^2}\right) + b'\left(c_2 - \frac{1}{\gamma_2^2}\right)}{b'\left(s_2 + \frac{1}{\gamma_2^2}\right)}, \quad \ldots \ldots \quad (23)$$

$$N^2 = \frac{\gamma_1^2}{a \sin^2 \gamma_1} + \frac{\gamma_2^2}{b \sin^2 \gamma_2}\left(\varrho^2 + 2\varrho\cos\gamma_2 + 1\right) + \frac{\gamma_3^2 \varrho^2}{2c\cos^2\frac{\gamma_3}{2}} \quad \ldots \quad (24)$$

ergeben sich für die zum gefundenen Werte λ gehörende symmetrische Eigenlösung $\varphi(x)$ die folgenden Formeln:

$$0 \leq x_1 \leq a: \quad \varphi(x_1) = \frac{1}{N\sin\gamma_1}\sin\gamma_1\frac{x_1}{a}, \quad \ldots \ldots \quad (25\,\text{a})$$

$$0 \leq x_2 \leq b: \quad \varphi(x_2) = \frac{1}{N\sin\gamma_2}\left[\sin\gamma_2\left(1 - \frac{x_2}{b}\right) - \varrho\sin\gamma_2\frac{x_2}{b}\right], \quad \ldots \quad (25\,\text{b})$$

$$0 \leq x_3 \leq c: \quad \varphi(x_3) = -\frac{\varrho}{N\cos\frac{\gamma_3}{2}}\cos\gamma_3\left(\frac{1}{2} - \frac{x_3}{c}\right). \quad \ldots \ldots \quad (25\,\text{c})$$

Die zu antisymmetrischen Lösungen φ gehörenden Werte λ sind aus der Gleichung

[1]) Ein Zahlenbeispiel hierzu befindet sich auf S. 63.

$$\Delta \equiv \left[a'\left(c_1 - \frac{1}{\gamma_1^2}\right) + b'\left(c_2 - \frac{1}{\gamma_2^2}\right)\right]\left[b'\left(c_2 - \frac{1}{\gamma_2^2}\right) + c'\left(c_3 - s_3 - \frac{2}{\gamma_3^2}\right)\right] -$$
$$- b'^2\left(s_2 + \frac{1}{\gamma_2^2}\right)^2 = 0, \quad \ldots\ldots\ldots \quad (26)$$

$\gamma_1, \gamma_2, \gamma_3, \ldots$ nach Gl. **(22)**, zu bestimmen. Man berechnet nun den Hilfswert ϱ nach Gl. **(23)**, sowie den Hilfswert

$$N^2 = \frac{\gamma_1^2}{a \sin^2 \gamma_1} + \frac{\gamma_2^2}{b \sin^2 \gamma_2}(\varrho^2 + 2\varrho \cos \gamma_2 + 1) + \frac{\gamma_3^2 \varrho^2}{2c \sin^2 \frac{\gamma_3}{2}}. \quad . \quad (27)$$

Damit erhält man die antisymmetrische Eigenlösung $\varphi(x)$ in den Bereichen $0 \leqq x_1 \leqq a$ und $0 \leqq x_2 \leqq b$ nach den Gl. **(25a, b)**, dagegen gilt

$$\text{für } 0 \leqq x_3 \leqq c\colon \quad \varphi(x_3) = -\frac{\varrho}{N \sin \frac{\gamma_3}{2}} \sin \gamma_3 \left(\frac{1}{2} - \frac{x_3}{c}\right). \quad \ldots\ldots\ldots \quad (28)$$

Das Auftreten von Ausnahmswurzeln ist in diesem Falle praktisch ausgeschlossen und braucht nicht untersucht zu werden.

Einflußlinien und genaue Berechnung.

Zur Berechnung der quasilinearen Einflußlinien sowie für die genaue Berechnung der Durchbiegungen, Momente usw. sind die unter A_1 angegebenen Gleichungen **(6)** bis **(19)** zu verwenden.

Fall B_1: Dreifeldrige Hängebrücke. Die Versteifungsträger sind einfache Balken mit unveränderlichem Trägheitsmoment nach Abb. 15.[1])

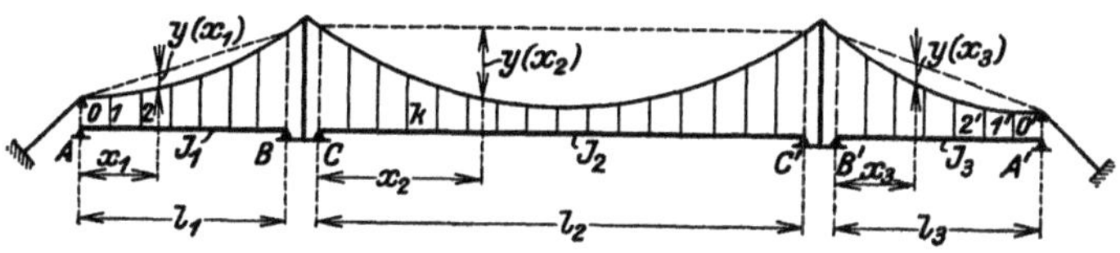

Abb. 15.

Eigenlösungen.

Die Eigenlösungen $\varphi(x)$ dürfen für jeden Balken für sich bestimmt werden. Es ergeben sich daher 3 Arten von Eigenlösungen. In der folgenden Zusammenstellung **(29)** stehen in einer Zeile die Formeln zur Berechnung des Eigenwertes und der zugehörigen Eigenlösungen in den drei Öffnungen.

Eigenwerte:	Eigenlösungen $\varphi(x) =$ im Bereich $A-B$	im Bereich $C-C'$	im Bereich $B'-A'$,	
$\lambda = \frac{i^2 \pi^2 E J_1}{l_1^2}$	$\frac{\sqrt{2 l_1}}{i\pi} \sin \frac{i\pi x_1}{l_1}$	0	0	
$\lambda = \frac{i^2 \pi^2 E J_2}{l_2^2}$	0	$\frac{\sqrt{2 l_2}}{i\pi} \sin \frac{i\pi x_2}{l_2}$	0,	(29)
$\lambda = \frac{i^2 \pi^2 E J_3}{l_3^2}$	0	0	$\frac{\sqrt{2 l_3}}{i\pi} \sin \frac{i\pi x_3}{l_3}$.	

[1]) Ein Zahlenbeispiel hierzu befindet sich auf S. 66.

Man hat in jede dieser Eigenwerttypen $i = 1, 2, 3, \ldots$ einzusetzen. Man ordnet dann die Gesamtheit der Eigenwerte der Größe nach, der kleinste Eigenwert wird mit λ_1, die zugehörige Eigenlösung mit $\varphi_1(x)$ bezeichnet, der nächstkleinste Eigenwert heißt λ_2 usw.

Einflußlinien und genaue Berechnung.

Die Formeln zur Bestimmung der quasilinearen Einflußlinien und für die genaue Berechnung der Durchbiegungen, Momente usw. stimmen mit den unter A_1 angegebenen Gl. (6) bis (19) überein.

Fall B_2: Dreifeldrige Hängebrücke. Die Versteifungsträger sind einfache Balken mit veränderlichem Trägheitsmoment nach Abb. 16.

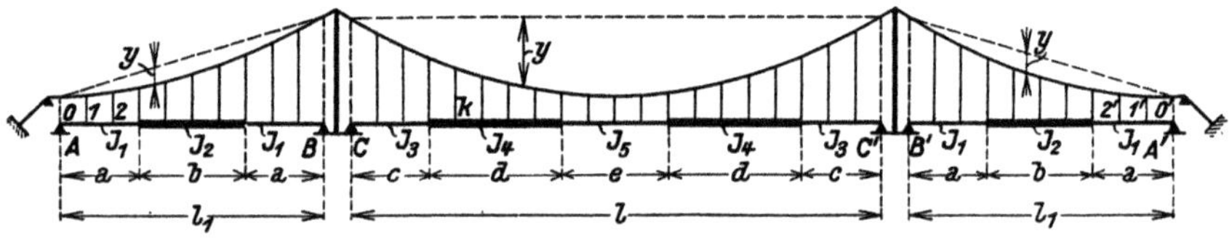

Abb. 16.

Eigenlösungen.

Die Ermittlung der Eigenlösungen kann in diesem Falle für jede Öffnung für sich erfolgen.

Eigenlösungen $\varphi(x)$ für die Mittelöffnung C—C'.

Diese stimmen überein mit den unter A_2 ermittelten Eigenlösungen der einfeldrigen Brücke, wobei bloß die geänderte Bezeichnung der Längen und Trägheitsmomente zu beachten ist. Die Gl. (20) bis (28) gestatten die zahlenmäßige Bestimmung dieser Eigenlösungen im Bereiche C—C', in den Bereichen A—B und B'—A' gilt $\varphi(x) = 0$.

Eigenlösungen $\varphi(x)$ für die Außenöffnungen A—B und B'—A'.

Da es in der Regel nicht notwendig ist, das Außenfeld in fünf Teile von je konstantem Trägheitsmoment zu teilen, sondern, wie in Abb. 16 angedeutet, drei Teile genügen, so führen wir die einfacheren Formeln für den dreiteiligen Stab hier an. In Abb. 17 ist der Versteifungsträger A—B nochmals herausgezeichnet.

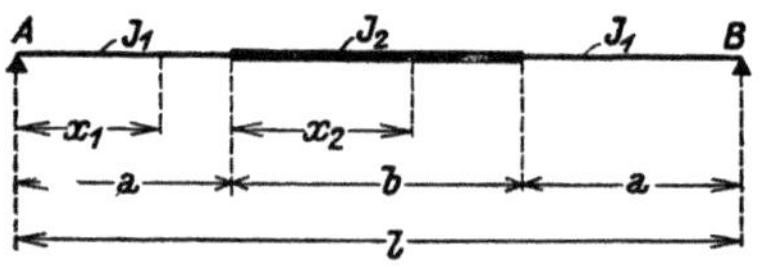

Abb. 17.

Da der Versteifungsträger symmetrische Trägheitsmomentenverteilung hat, so werden symmetrische und antisymmetrische Eigenlösungen aus verschiedenen Formeln bestimmt. Man berechnet

$$a' = a\,\frac{J_m}{J_1}, \qquad b' = b\,\frac{J_m}{J_2} \quad \ldots\ldots\ldots \quad (30)$$

J_m bedeutet ein beliebiges Trägheitsmoment.

Die symmetrischen Eigenwerte ergeben sich aus der Bedingung

$$\Delta \equiv a'\left(c_1 - \frac{1}{\gamma_1^2}\right) + b'(c_2 + s_2) = 0, \quad \ldots \ldots \quad (31)$$

wobei

$$\gamma_1 = a\sqrt{\frac{\lambda}{EJ_1}}, \qquad \gamma_2 = b\sqrt{\frac{\lambda}{EJ_2}}. \quad \ldots \ldots \quad (32)$$

Tafeln der Funktionen $c_1 = c(\gamma_1)$, usw. und $s_2 = s(\gamma_2)$, befinden sich auf S. 48 ff. Mit dem Hilfswert

$$N^2 = \frac{\gamma_1^2}{a \sin^2 \gamma_1} + \frac{\gamma_2^2}{2b \cos^2 \frac{\gamma_2}{2}} \quad \ldots \ldots \quad (33)$$

erhält man die symmetrische Eigenlösung $\varphi(x)$

$$\left.\begin{aligned} &\text{im Bereich } 0 \leqq x_1 \leqq a\colon \ \varphi(x_1) = \frac{1}{N \sin \gamma_1} \sin \gamma_1 \frac{x_1}{a}, \\ &\text{im Bereich } 0 \leqq x_2 \leqq b\colon \ \varphi(x_2) = \frac{1}{N \cos \frac{\gamma_2}{2}} \cos \gamma_2 \left(\frac{1}{2} - \frac{x_2}{b}\right), \\ &\text{im Bereich } C\text{—}C' \text{ und } B'\text{—}A'\colon \ \varphi(x) = 0. \end{aligned}\right\} \quad \ldots \ldots \quad (34)$$

Die antisymmetrischen Eigenwerte folgen aus der Gleichung

$$\Delta \equiv a'\left(c_1 - \frac{1}{\gamma_1^2}\right) + b'\left(c_2 - s_2 - \frac{2}{\gamma_2^2}\right) = 0, \quad \ldots \ldots \quad (35)$$

γ_1, γ_2 nach Gl. (32). Nach Berechnung des Hilfswertes

$$N^2 = \frac{\gamma_1^2}{a \sin^2 \gamma_1} + \frac{\gamma_2^2}{2b \sin^2 \frac{\gamma_2}{2}} \quad \ldots \ldots \quad (36)$$

ergibt sich die antisymmetrische Eigenlösung $\varphi(x)$:

$$\left.\begin{aligned} &\text{im Bereich } 0 \leqq x_1 \leqq a\colon \ \varphi(x_1) = \frac{1}{N \sin \gamma_1} \sin \gamma_1 \frac{x_1}{a}, \\ &\text{im Bereich } 0 \leqq x_2 \leqq b\colon \ \varphi(x_2) = \frac{1}{N \sin \frac{\gamma_2}{2}} \sin \gamma_2 \left(\frac{1}{2} - \frac{x_2}{b}\right), \\ &\text{im Bereich } C\text{—}C' \text{ und } B'\text{—}A'\colon \ \varphi(x) = 0. \end{aligned}\right\} \quad \ldots \ldots \quad (37)$$

Schließlich können noch Ausnahmswurzeln auftreten, wenn das Verhältnis

$$\frac{l_1}{\sqrt{J_1}} : \frac{l_2}{\sqrt{J_2}} = n_1 : n_2 \quad \ldots \ldots \quad (38)$$

durch kleine ganze Zahlen n_1, n_2 ausgedrückt werden kann. In diesem Falle tritt eine Ausnahmswurzel

$$\lambda = \frac{n_1^2 \pi^2 EJ_1}{l_1^2} = \frac{n_2^2 \pi^2 EJ_2}{l_2^2} \quad \ldots \ldots \quad (39)$$

auf. Siehe die Erörterung auf S. 18. Die zugehörigen Werte von $\varphi(x)$ sind dann nach Gl. (51) auf S. 19 zu berechnen.

Die Formeln (30) bis (39) dienen auch zur Bestimmung der Eigenlösungen in der Öffnung B'—A'. Die Gesamtheit der für alle drei Öffnungen gefundenen Eigenlösungen ist, so wie unter $\mathbf{B}_1$ angegeben, zu ordnen und zu beziffern.

Einflußlinien und genaue Berechnung.

Die Formeln zur Bestimmung der quasilinearen Einflußlinien und für die genaue Berechnung der Durchbiegungen und Momente stimmen mit den unter A_1 angegebenen Gl. (6) bis (19) überein.

Fall C_1: Dreifeldrige, symmetrische Hängebrücke mit durchlaufendem Versteifungsträger von öffnungsweise konstantem Trägheitsmoment nach Abb. 18.[1])

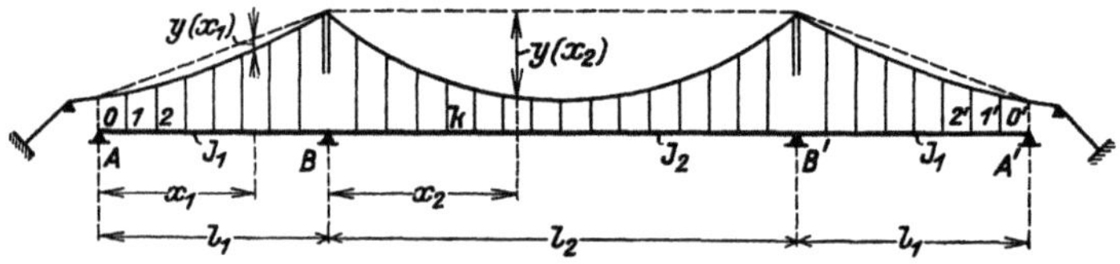

Abb. 18.

Eigenlösungen.

Die Eigenlösungen zerfallen in diesem Falle in eine symmetrische und eine antisymmetrische Gruppe.

Man berechnet

$$l_1' = l_1 \frac{J_m}{J_1}, \qquad l_2' = l_2 \frac{J_m}{J_2}, \quad \ldots \ldots \ldots \quad (40)$$

wobei J_m ein beliebiges Trägheitsmoment bedeutet.

Die zu symmetrischen Eigenlösungen gehörenden Werte λ folgen aus der Bedingung

$$\Delta \equiv l_1' c_1 + l_2' (c_2 + s_2) = 0, \quad \ldots \ldots \ldots \quad (41)$$

wobei

$$\gamma_1 = l_1 \sqrt{\frac{\lambda}{E J_1}}, \qquad \gamma_2 = l_2 \sqrt{\frac{\lambda}{E J_2}}. \quad \ldots \ldots \ldots \quad (42)$$

Tafeln der Funktionen $c_1 = c(\gamma_1)$ usw. sowie $s_2 = s(\gamma_2)$ usw. befinden sich auf S. 48 ff.

Mit dem Hilfswert

$$N^2 = \frac{\gamma_1^2}{l_1 \sin^2 \gamma_1} - \frac{1}{l_1} + \frac{\gamma_2^2}{2\, l_2 \cos^2 \frac{\gamma_2}{2}} \quad \ldots \ldots \ldots \quad (43)$$

findet man die symmetrische Eigenlösung $\varphi(x)$ und die zugehörende Momentenlinie $\frac{\mu(x)}{\lambda}$

$$\left.\begin{aligned} &\text{im Bereich } A\text{—}B\text{:}\ \frac{\mu(x_1)}{\lambda} = \frac{1}{N \sin \gamma_1} \sin \gamma_1 \frac{x_1}{l_1}, \quad \varphi(x_1) = \frac{\mu(x_1)}{\lambda} - \frac{1}{N} \frac{x_1}{l_1}, \\ &\text{im Bereich } B\text{—}B'\text{:}\ \frac{\mu(x_2)}{\lambda} = \frac{1}{N \cos \frac{\gamma_2}{2}} \cos \gamma_2 \left(\frac{1}{2} - \frac{x_2}{l_2}\right), \quad \varphi(x_2) = \frac{\mu(x_2)}{\lambda} - \frac{1}{N}. \end{aligned}\right\} \quad (44)$$

Die antisymmetrischen Eigenwerte λ folgen aus der Bedingung

$$\Delta \equiv l_1' c_1 + l_2' (c_2 - s_2) = 0, \quad \ldots \ldots \ldots \quad (45)$$

---

1) Ein Zahlenbeispiel hierzu befindet sich auf S. 71.

γ_1, γ_2 nach Gl. (42). Man bestimmt den Hilfswert

$$N^2 = \frac{\gamma_1^2}{l_1 \sin^2 \gamma_1} - \frac{1}{l_1} + \frac{\gamma_2^2}{2\, l_2 \sin^2 \frac{\gamma_2}{2}} - \frac{2}{l_2} \quad \ldots \ldots \quad (46)$$

und findet die antisymmetrischen Lösungen

im Bereich A—B:

$$\frac{\mu(x_1)}{\lambda} = \frac{1}{N \sin \gamma_1} \sin \gamma_1 \frac{x_1}{l_1}, \qquad \varphi(x_1) = \frac{\mu(x_1)}{\lambda} - \frac{1}{N} \frac{x_1}{l_1},$$

im Bereich B—B':

$$\frac{\mu(x_2)}{\lambda} = \frac{1}{N \sin \frac{\gamma_2}{2}} \sin \gamma_2 \left(\frac{1}{2} - \frac{x_2}{l_2}\right), \qquad \varphi(x_2) = \frac{\mu(x_2)}{\lambda} - \frac{1}{N}\left(1 - \frac{2\, x_2}{l_2}\right). \quad (47)$$

Schließlich können noch Ausnahmswurzeln auftreten, wenn das Verhältnis

$$\frac{l_1}{\sqrt{J_1}} : \frac{l_2}{\sqrt{J_2}} = n_1 : n_2 \quad \ldots \ldots \quad (48)$$

durch kleine ganze Zahlen n_1, n_2 ausgedrückt werden kann. In diesem Falle tritt eine Ausnahmswurzel

$$\lambda = \frac{n_1^2 \pi^2 E J_1}{l_1^2} = \frac{n_2^2 \pi^2 E J_2}{l_2^2} \quad \ldots \ldots \quad (49)$$

auf. Siehe die Erörterung auf S. 18. Die zugehörigen Werte von $\varphi(x)$ und $\frac{\mu(x)}{\lambda}$ sind dann nach Gl. (51) auf S. 19 zu berechnen.

Einflußlinien.

Grundwerte:

$$b_i = -\frac{1}{H_g} \sum_A^{A'} G(k)\, \varphi_i(k). \quad \ldots \ldots \quad (50)$$

Die Summe ist über alle Knotenpunkte zu erstrecken.

Einflußlinie des Horizontalzuges:

$$H(\xi) = -\frac{\sum_i \frac{b_i}{\lambda_i + H_g} \varphi_i(\xi)}{\frac{L}{E_k F_k^0} + \sum_i \frac{b_i^2}{\lambda_i + H_g}}. \quad \ldots \ldots \quad (51)$$

L und L_t siehe S. 31.

Horizontalzug infolge Temperaturänderung $\pm t$:

$$H_t = \frac{\mp \varepsilon t L_t}{\frac{L}{E_k F_k^0} + \sum_i \frac{b_i^2}{\lambda_i + H_g}}. \quad \ldots \ldots \quad (52)$$

Einflußlinie der Durchbiegung im Punkte k:

$$\eta_k(\xi) = \sum_i d_i(k)\, \varphi_i(\xi), \qquad d_i(k) = \frac{\varphi_i(k) + b_i H(k)}{\lambda_i + H_g}. \quad \ldots \quad (53)$$

Einflußlinie der Neigung ψ_k im Felde $k-1, k$:

$$\psi_k(\xi) = \frac{\eta_k(\xi) - \eta_{k-1}(\xi)}{e_k} \quad \ldots \ldots \ldots \ldots \quad (54)$$

Zur Berechnung der Einflußlinien von Momenten und Querkräften ist die Hilfsfunktion $\overline{H}(k)$ notwendig:

$$\overline{H}(k) = -\frac{\sum\limits_i \frac{b_i}{\lambda_i + H_g} \frac{\mu_i(k)}{\lambda_i}}{\frac{L}{E_k F_k^0} + \sum\limits_i \frac{b_i^2}{\lambda_i + H_g}} \quad \ldots \ldots \ldots \quad (55)$$

Einflußlinie der reduzierten Durchbiegung:

$$\overline{\eta}_k(\xi) = \sum_i \overline{d}_i(k)\, \varphi_i(\xi), \qquad \overline{d}_i(k) = \frac{\frac{\mu_i(k)}{\lambda_i} + b_i \overline{H}(k)}{\lambda_i + H_g} \quad \ldots \quad (56)$$

Den reduzierten Durchhang $\overline{y}(k)$ bestimmt man am einfachsten als Momentenlinie im Versteifungsträger ohne Kette, welcher mit den Einzellasten $\frac{G(k)}{H_g}$ belastet ist.[1])

Aus $\overline{y}(k)$ und den Einflußlinien $H(\xi)$ und $\overline{\eta}_k(\xi)$ bildet man die Einflußlinien des Momentes im Punkte k:

$$M_k(\xi) = \mathfrak{M}_k(\xi) - \overline{y}(k)\, H(\xi) - H_g\, \overline{\eta}_k(\xi) \quad \ldots \ldots \ldots \quad (57)$$

der Querkraft im Felde $k-1, k$:

$$Q_k(\xi) = \mathfrak{Q}_k(\xi) - \frac{\overline{y}(k) - \overline{y}(k-1)}{e_k}\, H(\xi) - H_g \frac{\overline{\eta}_k(\xi) - \overline{\eta}_{k-1}(\xi)}{e_k}. \quad (58)$$

$\mathfrak{M}_k(\xi)$ und $\mathfrak{Q}_k(\xi)$ sind die Einflußlinien von Moment und Querkraft im Versteifungsträger ohne Kette.

Genaue Berechnung.

Lastwerte:

$$a_i = \sum P(k)\, \varphi_i(k). \quad \ldots \ldots \ldots \ldots \quad (59)$$

Die Summe ist über die belasteten Knotenpunkte k zu erstrecken.

Der Horizontalzug H_p ergibt sich aus der Gleichung:

$$H_p \frac{L}{E_k F_k^0} \pm \varepsilon t L_t + \sum_i \frac{(a_i + b_i H_p)\, b_i}{\lambda_i + H_g + H_p} = 0. \quad \ldots \quad (60)$$

Entwicklungskoeffizienten:

$$d_i = \frac{a_i + b_i H_p}{\lambda_i + H_g + H_p} \quad \ldots \ldots \ldots \ldots \quad (61)$$

---

[1]) Definitionsgemäß ist der reduzierte Durchhang $\overline{y}(x)$ die Momentenlinie, welche bei Vernachlässigung der Formänderungen, infolge des Horizontalzuges $H = -1$ im Versteifungsträger entsteht. Der Horizontalzug $H = -1$ ruft nun gerade die Hängestangenkräfte $-\frac{G(k)}{H_g}$ hervor, welche man daher auch als Lasten annehmen kann.

Durchbiegung im Punkte k:

$$\eta(k) = \sum_i d_i \varphi_i(k). \qquad (62)$$

Neigung im Felde $k - 1, k$:

$$\psi(k) = \frac{\eta(k) - \eta(k-1)}{e_k}. \qquad (63)$$

Reduzierte Durchbiegung im Punkte k:

$$\overline{\eta}(k) = \sum_i d_i \frac{\mu_i(k)}{\lambda_i}. \qquad (64)$$

Moment im Punkte k:

$$M(k) = \mathfrak{M}(k) - H_p\, \overline{y}(k) - (H_g + H_p)\, \overline{\eta}(k). \qquad (65)$$

Querkraft im Felde $k - 1, k$:

$$Q(k) = \mathfrak{Q}(k) - H_p \frac{\overline{y}(k) - \overline{y}(k-1)}{e_k} - (H_g + H_p) \frac{\overline{\eta}(k) - \overline{\eta}(k-1)}{e_k}. \qquad (66)$$

$\mathfrak{M}(k)$ und $\mathfrak{Q}(k)$ sind Moment und Querkraft, welche bei der gleichen Laststellung im Versteifungsträger ohne Kette auftreten würden.

Fall C_2: Dreifeldrige symmetrische Hängebrücke mit durchlaufendem Versteifungsträger von veränderlichem Trägheitsmoment nach Abb. 19.

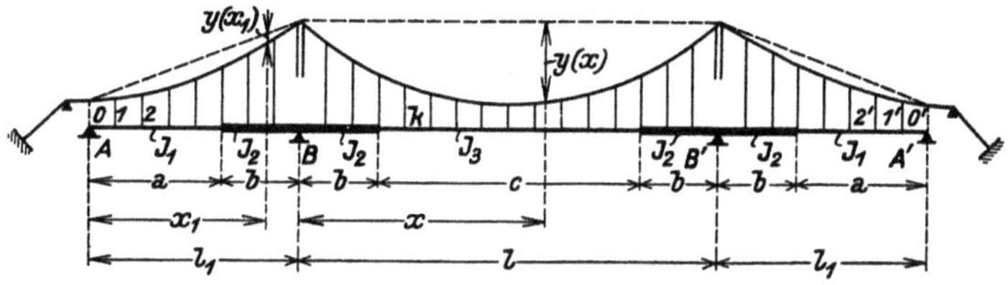

Abb. 19.

Eigenlösungen.

Man berechnet

$$a' = a\frac{J_m}{J_1}, \qquad b' = b\frac{J_m}{J_2}, \qquad c' = c\frac{J_m}{J_3}, \qquad (67)$$

wobei J_m ein beliebiges mittleres Trägheitsmoment ist.

Die zu den symmetrischen Eigenlösungen gehörenden Werte λ folgen aus der Bedingung

$$\begin{aligned}\Delta \equiv \left[a'\left(c_1 - \frac{1}{\gamma_1^2}\right) + b'\left(c_2 - \frac{1}{\gamma_2^2}\right)\right]\left[b'\left(c_2 - \frac{1}{\gamma_2^2}\right) + c'(c_3 + s_3)\right] \cdot \\ \cdot \left[2c_2 - \frac{1}{\gamma_2^2}\left(2 - \frac{b}{l_1}\right)\right] - b'\left(s_2 + \frac{1}{\gamma_2^2}\right)^2 \left[a'\left(c_1 - \frac{1}{\gamma_1^2}\right) + 2b'\left(c_2 - \frac{1}{\gamma_2^2}\right) + \right. \\ \left. + c'(c_3 + s_3)\right] = 0, \qquad (68)\end{aligned}$$

wobei

$$\gamma_1 = a\sqrt{\frac{\lambda}{EJ_1}}, \qquad \gamma_2 = b\sqrt{\frac{\lambda}{EJ_2}}, \qquad \gamma_3 = c\sqrt{\frac{\lambda}{EJ_3}}. \qquad (69)$$

Tafeln der Funktionen $c_1 = c(\gamma_1) \ldots$, sowie $s_1 = s(\gamma_1) \ldots$ siehe S. 48ff.

Hilfswerte:

$$\varrho_1 = \frac{b'\left(s_2 + \frac{1}{\gamma_2^2}\right)}{a'\left(c_1 - \frac{1}{\gamma_1^2}\right) + b'\left(c_2 - \frac{1}{\gamma_2^2}\right)}, \qquad \varrho_2 = \frac{b'\left(s_2 + \frac{1}{\gamma_2^2}\right)}{b'\left(c_2 - \frac{1}{\gamma_2^2}\right) + c'\,(c_3 + s_3)} \quad (70)$$

$$N^2 = [\varrho_1^2 + \varrho_2^2 + 2\,(\varrho_1 + \varrho_2)\cos\gamma_2 + 2]\,\frac{\gamma_2^2}{b\sin^2\gamma_2} + \varrho_1^2\,\frac{\gamma_1^2}{a\sin^2\gamma_1} + $$
$$+ \varrho_2^2\,\frac{\gamma_3^2}{2\,c\cos^2\frac{\gamma_3}{2}} - \frac{1}{l_1}. \quad (71)$$

Zur Berechnung der symmetrischen Lösungen $\frac{\mu(x)}{\lambda}$ und $\varphi(x)$ dienen die folgenden Gleichungen:

$0 \leqq x_1 \leqq a$: $$\frac{\mu(x_1)}{\lambda} = \frac{-\varrho_1}{N\sin\gamma_1}\sin\gamma_1\frac{x_1}{a}, \quad \varphi(x_1) = \frac{\mu(x_1)}{\lambda} - \frac{1}{N}\frac{x_1}{l_1}. \quad (72\text{a})$$

$a \leqq x_1 \leqq l_1$: $$\frac{\mu(x_1)}{\lambda} = \frac{1}{N\sin\gamma_2}\left[-\varrho_1\sin\gamma_2\left(1 - \frac{x_1 - a}{b}\right) + \sin\gamma_2\frac{x_1 - a}{b}\right],$$
$$\varphi(x_1) = \frac{\mu(x_1)}{\lambda} - \frac{1}{N}\frac{x_1}{l_1}. \quad (72\text{b})$$

$0 \leqq x \leqq b$: $$\frac{\mu(x)}{\lambda} = \frac{1}{N\sin\gamma_2}\left[\sin\gamma_2\left(1 - \frac{x}{b}\right) - \varrho_2\sin\gamma_2\frac{x}{b}\right],$$
$$\varphi(x) = \frac{\mu(x)}{\lambda} - \frac{1}{N}. \quad (72\text{c})$$

$b \leqq x \leqq l - b$: $$\frac{\mu(x)}{\lambda} = \frac{-\varrho_2}{N\cos\frac{\gamma_3}{2}}\cos\gamma_3\left(\frac{1}{2} - \frac{x-b}{c}\right),$$
$$\varphi(x) = \frac{\mu(x)}{\lambda} - \frac{1}{N}. \quad (72\text{d})$$

Die antisymmetrischen Eigenwerte werden aus der Bedingung

$$\Delta \equiv \left[a'\left(c_1 - \frac{1}{\gamma_1^2}\right) + b'\left(c_2 - \frac{1}{\gamma_2^2}\right)\right]\left[b'\left(c_2 - \frac{1}{\gamma_2^2}\right) + c'\left(c_3 - s_3 - \frac{2}{\gamma_3^2}\right)\right]\cdot$$
$$\left[2\,c_2 - \frac{1}{\gamma_2^2}\left(\frac{a}{l_1} + \frac{c}{l}\right)\right] - b'\left(s_2 + \frac{1}{\gamma_2^2}\right)^2\left[a'\left(c_1 - \frac{1}{\gamma_1^2}\right) + \right.$$
$$\left. + 2\,b'\left(c_2 - \frac{1}{\gamma_2^2}\right) + c'\left(c_3 - s_3 - \frac{2}{\gamma_3^2}\right)\right] = 0, \quad (73)$$

$\gamma_1, \gamma_2, \gamma_3$ nach Gl. **(69)**, bestimmt.

Hilfswerte:

$$\varrho_1 = \frac{b'\left(s_2 + \frac{1}{\gamma_2^2}\right)}{a'\left(c_1 - \frac{1}{\gamma_1^2}\right) + b'\left(c_2 - \frac{1}{\gamma_2^2}\right)}, \quad \varrho_2 = \frac{b'\left(s_2 + \frac{1}{\gamma_2^2}\right)}{b'\left(c_2 - \frac{1}{\gamma_2^2}\right) + c'\left(c_3 - s_3 - \frac{2}{\gamma_3^2}\right)}. \quad (74)$$

$$N^2 = [\varrho_1^2 + \varrho_2^2 + 2\,(\varrho_1 + \varrho_2)\cos\gamma_2 + 2]\,\frac{\gamma_2^2}{b\sin^2\gamma_2} + \varrho_1^2\,\frac{\gamma_1^2}{a\sin^2\gamma_1} + $$
$$+ \varrho_2^2\,\frac{\gamma_3^2}{2\,c\sin^2\frac{\gamma_3}{2}} - \frac{1}{l_1} - \frac{2}{l}. \quad (75)$$

Die antisymmetrischen Funktionen $\frac{\mu(x)}{\lambda}$ und $\varphi(x)$ sind im Bereiche $0 \leqq x_1 \leqq l_1$, nach den Gl. (72 a, b) zu berechnen, im Bereiche $0 \leqq x \leqq l$ dagegen gelten die Gleichungen

$$0 \leqq x \leqq b: \quad \frac{\mu(x)}{\lambda} = \frac{1}{N \sin \gamma_2} \left[\sin \gamma_2 \left(1 - \frac{x}{b}\right) - \varrho_2 \sin \gamma_2 \frac{x}{b}\right],$$

$$\varphi(x) = \frac{\mu(x)}{\lambda} - \frac{1}{N}\left(1 - \frac{2x}{l}\right) \quad \text{(76a)}$$

$$b \leqq x \leqq l - b: \quad \frac{\mu(x)}{\lambda} = \frac{-\varrho_2}{N \sin \frac{\gamma_3}{2}} \sin \gamma_3 \left(\frac{1}{2} - \frac{x-b}{c}\right),$$

$$\varphi(x) = \frac{\mu(x)}{\lambda} - \frac{1}{N}\left(1 - \frac{2x}{l}\right) \quad \text{(76b)}$$

Das Auftreten von Ausnahmswurzeln ist in diesem Falle praktisch ausgeschlossen und braucht nicht untersucht zu werden.

Einflußlinien und genaue Berechnung.

Die Berechnung der quasilinearen Einflußlinien, sowie die genaue Berechnung der Durchbiegungen, Momente usw. hat nach den unter C_1 angegebenen Gl. (50) bis (66) zu erfolgen.

Fall D_1: Symmetrische dreifeldrige Hängebrücke mit durchlaufendem Versteifungsträger. Außenöffnungen nicht aufgehängt. Trägheitsmoment öffnungsweise unveränderlich nach Abb. 20.

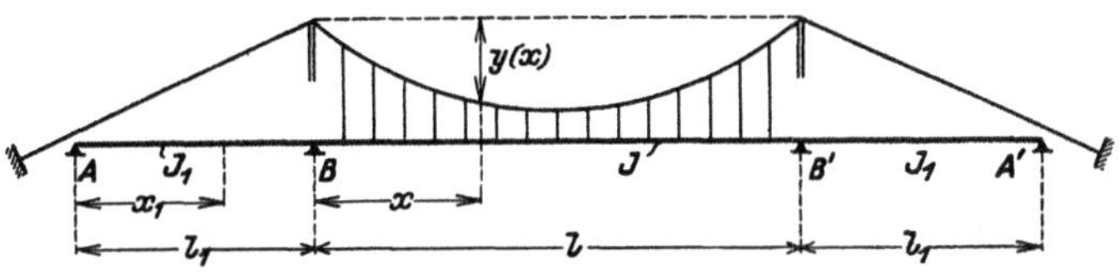

Abb. 20.

Eigenlösungen.

Man berechnet

$$l_1' = l_1 \frac{J}{J_1} \quad \text{(77)}$$

Die symmetrischen Eigenwerte sind aus der Bedingung

$$\Delta \equiv \frac{l_1'}{3} + l\,[c(\gamma) + s(\gamma)] = 0, \qquad \gamma = l\sqrt{\frac{\lambda}{EJ}} \quad \text{(78)}$$

zu bestimmen. Tafeln der Funktionen $s(\gamma)$ und $c(\gamma)$ siehe S. 48 ff.

Hilfswert:
$$N^2 = \frac{\gamma^2}{2\,l \cos^2 \frac{\gamma}{2}} + \frac{\gamma^2 l_1'}{3\,l^2} \quad \text{(79)}$$

Die symmetrischen Funktionen $\varphi(x)$ und $\frac{\mu(x)}{\lambda}$ ergeben sich aus den Gleichungen:

Bereich A—B:

$$\frac{\mu(x_1)}{\lambda} = \frac{1}{N}\frac{x_1}{l_1}, \quad \varphi(x_1) = \frac{\gamma^2}{N}\frac{l_1 l_1'}{6 l^2}\left(\frac{x_1}{l_1} - \frac{x_1^3}{l_1^3}\right). \quad \text{(80a)}$$

Bereich B—B':

$$\frac{\mu(x)}{\lambda} = \frac{1}{N \cos\frac{\gamma}{2}} \cos\gamma\left(\frac{1}{2} - \frac{x}{l}\right), \quad \varphi(x) = \frac{\mu(x)}{\lambda} - \frac{1}{N}. \quad \text{(80b)}$$

Die Eigenwerte zu den antisymmetrischen Lösungen folgen aus der Bedingung

$$\Delta \equiv \frac{l_1'}{3} + l\,[c(\gamma) - s(\gamma)] = 0, \qquad \gamma = l\sqrt{\frac{\lambda}{EJ}}. \quad \text{(81)}$$

Hilfswert:

$$N^2 = \frac{\gamma^2}{2\,l \sin^2\frac{\gamma}{2}} - \frac{2}{l} + \frac{\gamma^2 l_1'}{3\,l^2}. \quad \text{(82)}$$

Antisymmetrische Eigenlösungen:

Bereich A—B:

$$\frac{\mu(x_1)}{\lambda} = \frac{1}{N}\frac{x_1}{l_1}, \quad \varphi(x_1) = \frac{\gamma^2}{N}\frac{l_1 l_1'}{6 l^2}\left(\frac{x_1}{l_1} - \frac{x_1^3}{l_1^3}\right). \quad \text{(83a)}$$

Bereich B—B':

$$\frac{\mu(x)}{\lambda} = \frac{1}{N \sin\frac{\gamma}{2}} \sin\gamma\left(\frac{1}{2} - \frac{x}{l}\right), \quad \varphi(x) = \frac{\mu(x)}{\lambda} - \frac{1}{N}\left(1 - \frac{2x}{l}\right). \quad \text{(83b)}$$

Das Auftreten von Ausnahmswurzeln ist in diesem Falle grundsätzlich nicht möglich und braucht nicht untersucht zu werden.

Die Berechnung der Funktionen $\varphi(x)$ und $\frac{\mu(x)}{\lambda}$ erfolgt im Mittelfeld für alle Hängestangenanschlußpunkte, im Außenfeld (wo keine Hängestangen sind) für die Anschlußpunkte der Querträger, da die Knotenlasten dort angreifen.

Einflußlinien und genaue Berechnung.

Bei der weiteren Rechnung ist zu beachten, daß infolge Fehlens der Hängestangen im Außenfeld der Fall vorliegt, daß das Eigengewicht nicht vollständig vom Kabel getragen wird. Siehe die Erörterungen auf S. 24. Daher lautet die Formel zur Bestimmung der Grundwerte b_i

$$b_i = -\frac{1}{H_g}\sum_{B}^{B'} Z_g(k)\,\varphi_i(k). \quad \text{(84)}$$

Die Hängestangenkräfte vom Eigengewicht folgen bei konstantem Abstand e der Hängestangen aus

$$Z_g(k) = H_g\,\frac{-y(k-1) + 2\,y(k) - y(k+1)}{e}. \quad \text{(85)}$$

Im übrigen gelten die für Fall C_1 angegebenen Gl. (51) bis (66), wobei jedoch die Gültigkeit der Einflußliniengleichungen (53) und (54), sowie der Gl. (62) und (63) zur Berechnung der Durchbiegungen und Neigungen an die Einschränkung gebunden ist, daß der Punkt k innerhalb der Mittelöffnung B—B' liegt.[1]) Die übrigen Gleichungen gelten ohne jede Einschränkung. Zu den nach diesen Gleichungen berechneten Momenten und Querkräften von der Nutzlast sind noch Momente und Querkräfte vom Eigengewicht zu addieren. Siehe S. 25.

Fall D_2: Symmetrische dreifeldrige Hängebrücke mit durchlaufendem Versteifungsträger. Außenöffnungen nicht aufgehängt. Trägheitsmoment im Mittelfeld veränderlich nach Abb. 21.

In Abb. 21 ist das Trägheitsmoment des Versteifungsträgers im Außenfeld als konstant angenommen, da die Veränderlichkeit des Trägheitsmomentes in diesem Falle nur von sehr geringem Einfluß auf die Funktionen $\varphi(x)$ und $\frac{\mu(x)}{\lambda}$ ist. Es ist ausreichend, mit dem konstanten mittleren Trägheitsmoment J_1 zu rechnen,

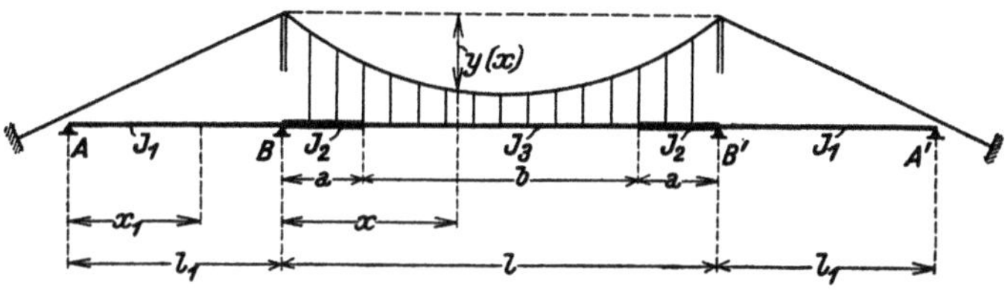

Abb. 21.

wenn man J_1 wie folgt bestimmt: Man denke sich das Außenfeld A—B herausgeschnitten und im Punkte B das Moment $M = 1$ angreifend. Siehe Abb. 22a. Dann stellt sich eine Neigung τ_{var} der Endtangente im Punkte B ein, die nach den Regeln der Statik zahlenmäßig bestimmt werden kann. Es soll nun J_1 so gewählt werden, daß das Ersatzträgerstück mit dem konstanten Trägheitsmoment J_1 infolge des Momentenangriffes $M = 1$ die gleiche Neigung der Endtangente aufweist wie der tatsächlich vorhandene Träger der Außenöffnung. Da

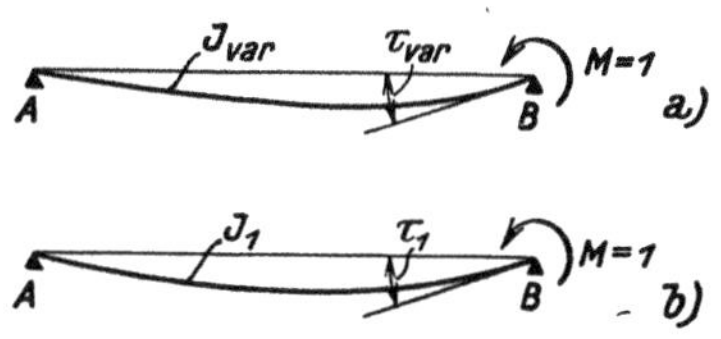

Abb. 22.

$$\tau_1 = \frac{1}{3} \frac{l_1}{E J_1}$$

ist, so ergibt die Gleichsetzung $\tau_{\text{var}} = \tau_1$

$$J_1 = \frac{l_1}{3 E \tau_{\text{var}}} \quad \ldots\ldots\ldots\ldots \quad (86)$$

Eigenlösungen.

Man berechnet

$$l_1' = l_1 \frac{J_3}{J_1}, \qquad a' = a \frac{J_3}{J_2} \quad \ldots\ldots\ldots \quad (87)$$

Die zu den symmetrischen Eigenlösungen gehörenden Eigenwerte ergeben sich aus der Bedingung

$$\Delta \equiv \left[\frac{l_1'}{3} + a'\left(c_2 - \frac{1}{\gamma_2^2}\right)\right]\left[a'\left(c_2 - \frac{1}{\gamma_2^2}\right) + b\,(c_3 + s_3)\right] - a'^2\left(s_2 + \frac{1}{\gamma_2^2}\right)^2 = 0. \quad (88)$$

---

[1]) Siehe die Ableitungen der Gleichungen für diese Brückentype auf S. 12.

wobei

$$\gamma_2 = a\sqrt{\frac{\lambda}{E J_2}}, \qquad \gamma_3 = b\sqrt{\frac{\lambda}{E J_3}} \quad \ldots\ldots \quad (89)$$

Tafeln der Funktionen $c_2 = c(\gamma_2)$ usw., $s_2 = s(\gamma_2)$ usw. befinden sich auf S. 48 ff.

Hilfswerte:

$$\varrho = \frac{\frac{l_1'}{3} + a'\left(c_2 - \frac{1}{\gamma_2^2}\right)}{a'\left(s_2 + \frac{1}{\gamma_2^2}\right)} \quad \ldots\ldots \quad (90)$$

$$N^2 = (\varrho^2 + 2\varrho\cos\gamma_2 + 1)\frac{\gamma_2^2}{a\sin^2\gamma_2} + \varrho^2 \cdot \frac{\gamma_3^2}{2b\cos^2\frac{\gamma_3}{2}} + \frac{\gamma_3^2 l_1'}{3b^2} \quad \ldots \quad (91)$$

Die symmetrischen Funktionen $\frac{\mu(x)}{\lambda}$ und $\varphi(x)$ folgen aus den Gleichungen:

$$0 \leqq x_1 \leqq l_1: \quad \frac{\mu(x_1)}{\lambda} = \frac{1}{N}\frac{x_1}{l_1}, \quad \varphi(x_1) = \frac{\gamma_3^2}{N}\frac{l_1 l_1'}{6b^2}\left(\frac{x_1}{l_1} - \frac{x_1^3}{l_1^3}\right) \quad \ldots \quad (92a)$$

$$0 \leqq x \leqq a: \quad \frac{\mu(x)}{\lambda} = \frac{1}{N\sin\gamma_2}\left[\sin\gamma_2\left(1 - \frac{x}{a}\right) - \varrho\sin\gamma_2\frac{x}{a}\right],$$

$$\varphi(x) = \frac{\mu(x)}{\lambda} - \frac{1}{N} \quad \ldots\ldots \quad (92b)$$

$$a \leqq x \leqq a + b: \quad \frac{\mu(x)}{\lambda} = \frac{-\varrho}{N\cos\frac{\gamma_3}{2}}\cos\gamma_3\left(\frac{1}{2} - \frac{x-a}{b}\right), \quad \varphi(x) = \frac{\mu(x)}{\lambda} - \frac{1}{N}. \quad (92c)$$

Zur Bestimmung der antisymmetrischen Eigenlösungen sind die Eigenwerte aus

$$\Delta \equiv \left[\frac{l_1'}{3} + a'\left(c_2 - \frac{b}{l\gamma_2^2}\right)\right]\left[a'\left(c_2 - \frac{1}{\gamma_2^2}\right) + b\left(c_3 - s_3 - \frac{2}{\gamma_3^2}\right)\right] -$$

$$- a'^2\left(s_2 + \frac{1}{\gamma_2^2}\right)^2 = 0 \quad \ldots\ldots \quad (93)$$

zu ermitteln. γ_2, γ_3 nach Gl. (89).

Hilfswerte:

$$\varrho = \frac{\frac{l_1'}{3} + a'\left(c_2 - \frac{b}{l\gamma_2^2}\right)}{a'\left(s_2 + \frac{1}{\gamma_2^2}\right)}, \quad \ldots\ldots \quad (94)$$

$$N^2 = (\varrho^2 + 2\varrho\cos\gamma_2 + 1)\frac{\gamma_2^2}{a\sin^2\gamma_2} + \varrho^2\frac{\gamma_3^2}{2b\sin^2\frac{\gamma_3}{2}} - \frac{2}{l} + \frac{\gamma_3^2 l_1'}{3b^2} \quad \ldots \quad (95)$$

Die antisymmetrischen Funktionen $\frac{\mu(x)}{\lambda}$ und $\varphi(x)$ im Bereich $0 \leqq x_1 \leqq l_1$ erhält man aus Gl. (92a), im Mittelfeld $0 \leqq x \leqq l$ aus:

$$0 \leqq x \leqq a: \quad \frac{\mu(x)}{\lambda} = \frac{1}{N\sin\gamma_2}\left[\sin\gamma_2\left(1 - \frac{x}{a}\right) - \varrho\sin\gamma_2\frac{x}{a}\right],$$

$$\varphi(x) = \frac{\mu(x)}{\lambda} - \frac{1}{N}\left(1 - \frac{2x}{l}\right) \quad \ldots\ldots \quad (96a)$$

$$a \leqq x \leqq a + b: \quad \frac{\mu(x)}{\lambda} = \frac{-\varrho}{N \sin \frac{\gamma_3}{2}} \sin \gamma_3 \left(\frac{1}{2} - \frac{x-a}{b}\right),$$

$$\varphi(x) = \frac{\mu(x)}{\lambda} - \frac{1}{N}\left(1 - \frac{2x}{l}\right) \quad \text{(96 b)}$$

Das Auftreten von Ausnahmswurzeln ist in diesem Falle grundsätzlich nicht möglich und braucht nicht untersucht zu werden.

Die Berechnung der Funktionen $\frac{\mu(x)}{\lambda}$ und $\varphi(x)$ erfolgt im Mittelfeld für alle Hängestangenanschlußpunkte, im Außenfeld (wo keine Hängestangen sind) für die Anschlußpunkte der Querträger, da die Knotenlasten dort angreifen.

Einflußlinien und genaue Berechnung.

Für die weitere Rechnung sind, unter Beachtung der in Fall $\mathbf{D_1}$ im letzten Absatz gemachten Einschränkungen und Bemerknngen, die Gl. (84) und die für Fall $\mathbf{C_1}$ angegebenen Gl. (51) bis (66) zu verwenden.

Fall $\mathbf{D_3}$: Symmetrische dreifeldrige Hängebrücke mit Versteifungsträger mit Gelenken in den Außenfeldern. Außenöffnungen nicht aufgehängt. Trägheitsmoment im Mittelfeld unveränderlich nach Abb. 23.

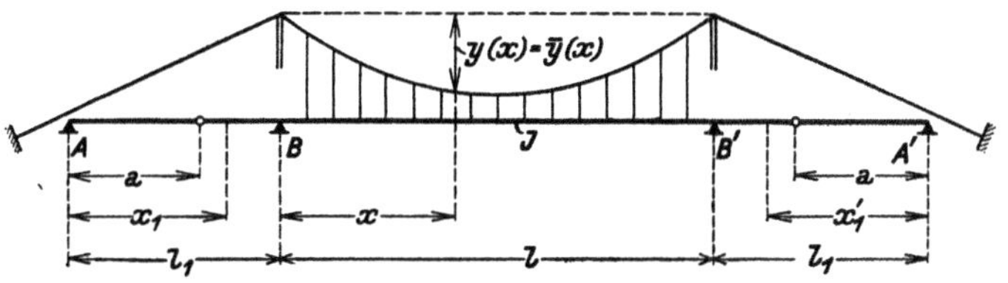

Abb. 23.

In diesem besonderen Falle ist die Verteilung des Trägheitsmomentes im Außenfeld ohne Einfluß auf Eigenwerte und Eigenlösungen. Daher gelten die folgenden Formeln auch bei im Bereich A—B, B'—A' beliebig veränderlichem Trägheitsmoment.

Eigenlösungen.

Eigenwerte:

$$\lambda_i = \frac{i^2 \pi^2 EJ}{l^2}, \quad i = 1, 2, 3 \ldots$$

Eigenfunktionen $\varphi_i(x)$ und Momentenlinien $\frac{\mu_i(x)}{\lambda}$:

$$0 \leqq x_1 \leqq a: \quad \frac{\mu_i(x_1)}{\lambda_i} = 0, \quad \varphi_i(x_1) = -\sqrt{\frac{2}{l}}\,(l_1 - a)\,\frac{x_1}{a} \quad \text{(97 a)}$$

$$a \leqq x_1 \leqq l_1: \quad \frac{\mu_i(x_1)}{\lambda_i} = 0, \quad \varphi_i(x_1) = -\sqrt{\frac{2}{l}}\,(l_1 - x_1) \quad \text{(97 b)}$$

$$0 \leqq x \leqq l: \quad \frac{\mu_i(x)}{\lambda_i} = \varphi_i(x) = \frac{\sqrt{2\,l}}{i\,\pi} \sin \frac{i\,\pi\,x}{l} \quad \text{(97 c)}$$

$$a \leqq x_1' \leqq l_1: \quad \frac{\mu_i(x_1')}{\lambda_i} = 0, \quad \varphi_i(x_1') = (-1)^i \sqrt{\frac{2}{l}}\,(l_1 - x_1') \quad \text{(97 d)}$$

(Fortsetzung auf S. 53.)

Tafel der Funktionen $s(\gamma)$ und $c(\gamma)$ von $\gamma = 0$ bis 30.

$$s(\gamma) = \frac{1}{\gamma^2}\left(\frac{\gamma}{\sin\gamma} - 1\right). \qquad c(\gamma) = \frac{1}{\gamma^2}\left(1 - \gamma \operatorname{cotg}\gamma\right).$$

γ	$s(\gamma)$	$c(\gamma)$
0	0,16667	0,33333
0,02	0,16668	0,33334
0,04	0,16670	0,33337
0,06	0,16674	0,33341
0,08	0,16679	0,33347
0,10	0,16686	0,33355
0,12	0,16695	0,33365
0,14	0,16705	0,33377
0,16	0,16717	0,33390
0,18	0,16730	0,33405
0,20	0,16745	0,33422
0,22	0,16761	0,33441
0,24	0,16779	0,33462
0,26	0,16799	0,33484
0,28	0,16820	0,33508
0,30	0,16843	0,33534
0,32	0,16868	0,33562
0,34	0,16894	0,33592
0,36	0,16922	0,33624
0,38	0,16952	0,33657
0,40	0,16984	0,33693
0,42	0,17017	0,33731
0,44	0,17052	0,33772
0,46	0,17089	0,33814
0,48	0,17127	0,33857
0,50	0,17166	0,33903
0,52	0,17207	0,33951
0,54	0,17251	0,34000
0,56	0,17297	0,34052
0,58	0,17345	0,34106
0,60	0,17394	0,34162
0,62	0,17446	0,34220
0,64	0,17499	0,34281
0,66	0,17554	0,34344
0,68	0,17612	0,34408
0,70	0,17672	0,34475
0,72	0,17733	0,34545
0,74	0,17797	0,34618
0,76	0,17863	0,34692
0,78	0,17931	0,34768
0,80	0,18001	0,34848
0,82	0,18074	0,34929

γ	$s(\gamma)$	$c(\gamma)$
0,84	0,18149	0,35013
0,86	0,18226	0,35100
0,88	0,18306	0,35191
0,90	0,18388	0,35285
0,92	0,18473	0,35380
0,94	0,18560	0,35478
0,96	0,18650	0,35580
0,98	0,18743	0,35684
1,00	0,18839	0,35791
1,02	0,18938	0,35901
1,04	0,19040	0,36015
1,06	0,19144	0,36132
1,08	0,19251	0,36252
1,10	0,19362	0,36375
1,12	0,19476	0,36502
1,14	0,19593	0,36632
1,16	0,19714	0,36766
1,18	0,19838	0,36904
1,20	0,19965	0,37046
1,22	0,20097	0,37192
1,24	0,20232	0,37342
1,26	0,20371	0,37496
1,28	0,20514	0,37654
1,30	0,20661	0,37817
1,32	0,20812	0,37984
1,34	0,20968	0,38156
1,36	0,21128	0,38333
1,38	0,21293	0,38514
1,40	0,21463	0,38701
1,42	0,21638	0,38893
1,44	0,21818	0,39090
1,46	0,22003	0,39293
1,48	0,22193	0,39502
1,50	0,22389	0,39717
1,52	0,22591	0,39938
1,54	0,22800	0,40165
1,56	0,23015	0,40399
1,58	0,23236	0,40640
1,60	0,23464	0,40888
1,62	0,23699	0,41144
1,64	0,23942	0,41407
1,66	0,24192	0,41678
1,68	0,24450	0,41957

γ	$s(\gamma)$	$c(\gamma)$
1,70	0,24716	0,42245
1,72	0,24991	0,42542
1,74	0,25274	0,42848
1,76	0,25567	0,43164
1,78	0,25870	0,43490
1,80	0,26183	0,43826
1,82	0,26507	0,44173
1,84	0,26842	0,44531
1,86	0,27188	0,44902
1,88	0,27546	0,45285
1,90	0,27917	0,45682
1,92	0,28302	0,46092
1,94	0,28701	0,46516
1,96	0,29114	0,46956
1,98	0,29543	0,47411
2,00	0,29988	0,47883
2,02	0,30450	0,48373
2,04	0,30931	0,48881
2,06	0,31430	0,49408
2,08	0,31949	0,49956
2,10	0,32489	0,50526
2,12	0,33052	0,51119
2,14	0,33640	0,51736
2,16	0,34253	0,52378
2,18	0,34892	0,53048
2,20	0,35560	0,53747
2,22	0,36259	0,54478
2,24	0,36990	0,55241
2,26	0,37755	0,56039
2,28	0,38558	0,56875
2,30	0,39401	0,57751
2,32	0,40287	0,58670
2,34	0,41218	0,59636
2,36	0,42199	0,60651
2,38	0,43234	0,61720
2,40	0,44325	0,62848
2,42	0,45479	0,64038
2,44	0,46701	0,65297
2,46	0,47997	0,66630
2,48	0,49373	0,68044
2,50	0,50837	0,69546
2,52	0,52397	0,71145

γ	$s(\gamma)$	$c(\gamma)$
2,54	0,54063	0,72851
2,56	0,55847	0,74674
2,58	0,57760	0,76628
2,60	0,59817	0,78725
2,62	0,62034	0,80984
2,64	0,64431	0,83423
2,66	0,67030	0,86065
2,68	0,69857	0,88935
2,70	0,72943	0,92095
2,72	0,76326	0,95492
2,74	0,80049	0,99260
2,76	0,84166	1,03423
2,78	0,88742	1,08066
2,80	0,93859	1,13209
2,82	0,99616	1,19016
2,84	1,06142	1,25588
2,86	1,13600	1,33095
2,88	1,22204	1,41749
2,90	1,32239	1,51834
2,92	1,44091	1,63738
2,94	1,58303	1,78004
2,96	1,75655	1,95406
2,98	1,97310	2,17115
3,00	2,25094	2,44952
3,02	2,62033	2,81945
3,04	3,13527	3,33497
3,06	3,90288	4,10314
3,08	5,16925	5,37007
3,10	7,65391	7,85532
3,12	14,7421	14,9440
3,14	199,862	200,064
π	$\pm\infty$	$\pm\infty$
3,16	— 17,2929	— 17,0898
3,18	— 8,28853	— 8,08471
3,20	— 5,45106	— 5,24661
3,22	— 4,06135	— 3,85627
3,24	— 3,23670	— 3,03098
3,26	— 2,69077	— 2,48441
3,28	— 2,30276	— 2,09572
3,30	— 2,01283	— 1,80512
3,32	— 1,78801	— 1,57963
3,34	— 1,60861	— 1,39953
3,36	— 1,46215	— 1,25236
3,38	— 1,34034	— 1,12984

γ	$s(\gamma)$	$c(\gamma)$
3,40	— 1,23747	— 1,02624
3,42	— 1,14944	— 0,93747
3,44	— 1,07329	— 0,86057
3,46	— 1,00675	— 0,79328
3,48	— 0,94814	— 0,73390
3,50	— 0,89614	— 0,68112
3,52	— 0,84968	— 0,63387
3,54	— 0,80795	— 0,59132
3,56	— 0,77025	— 0,55281
3,58	— 0,73605	— 0,51777
3,60	— 0,70488	— 0,48575
3,62	— 0,67636	— 0,45637
3,64	— 0,65018	— 0,42932
3,66	— 0,62607	— 0,40431
3,68	— 0,60384	— 0,38117
3,70	— 0,58315	— 0,35957
3,72	— 0,56398	— 0,33947
3,74	— 0,54614	— 0,32068
3,76	— 0,52949	— 0,30306
3,78	— 0,51393	— 0,28652
3,80	— 0,49935	— 0,27094
3,82	— 0,48567	— 0,25625
3,84	— 0,47282	— 0,24236
3,86	— 0,46072	— 0,22921
3,88	— 0,44932	— 0,21674
3,90	— 0,43856	— 0,20489
3,92	— 0,42839	— 0,19362
3,94	— 0,41878	— 0,18287
3,96	— 0,40967	— 0,17261
3,98	— 0,40103	— 0,16281
4,00	— 0,39284	— 0,15342
4,02	— 0,38506	— 0,14443
4,04	— 0,37766	— 0,13580
4,06	— 0,37063	— 0,12751
4,08	— 0,36393	— 0,11953
4,10	— 0,35756	— 0,11185
4,12	— 0,35148	— 0,10444
4,14	— 0,34569	— 0,09730
4,16	— 0,34017	— 0,09039
4,18	— 0,33490	— 0,08371
4,20	— 0,32987	— 0,07724
4,22	— 0,32507	— 0,07097
4,24	— 0,32048	— 0,06489
4,26	— 0,31610	— 0,05898
4,28	— 0,31192	— 0,05324

γ	$s(\gamma)$	$c(\gamma)$
4,30	— 0,30794	— 0,04764
4,32	— 0,30411	— 0,04221
4,34	— 0,30046	— 0,03691
4,36	— 0,29698	— 0,03174
4,38	— 0,29366	— 0,02669
4,40	— 0,29049	— 0,02172
4,42	— 0,28746	— 0,01692
4,44	— 0,28457	— 0,01219
4,46	— 0,28182	— 0,00755
4,48	— 0,27920	— 0,00300
4,50	— 0,27671	0,00146
4,52	— 0,27435	0,00585
4,54	— 0,27209	0,01016
4,56	— 0,26996	0,01441
4,58	— 0,26794	0,01860
4,60	— 0,26603	0,02272
4,62	— 0,26423	0,02680
4,64	— 0,26253	0,03082
4,66	— 0,26094	0,03480
4,68	— 0,25944	0,03873
4,70	— 0,25805	0,04263
4,72	— 0,25676	0,04650
4,74	— 0,25556	0,05034
4,76	— 0,25446	0,05415
4,78	— 0,25345	0,05793
4,80	— 0,25254	0,06170
4,82	— 0,25172	0,06546
4,84	— 0,25100	0,06920
4,86	— 0,25036	0,07293
4,88	— 0,24982	0,07666
4,90	— 0,24938	0,08039
4,92	— 0,24902	0,08413
4,94	— 0,24877	0,08787
4,96	— 0,24860	0,09162
4,98	— 0,24854	0,09539
5,00	— 0,24857	0,09918
5,02	— 0,24870	0,10299
5,04	— 0,24893	0,10681
5,06	— 0,24926	0,11066
5,08	— 0,24969	0,11456
5,10	— 0,25024	0,11850
5,12	— 0,25089	0,12248
5,14	— 0,25166	0,12651
5,16	— 0,25254	0,13060
5,18	— 0,25353	0,13475

γ	$s(\gamma)$	$c(\gamma)$
5,20	— 0,25466	0,13897
5,22	— 0,25591	0,14326
5,24	— 0,25730	0,14763
5,26	— 0,25882	0,15208
5,28	— 0,26049	0,15663
5,30	— 0,26231	0,16128
5,32	— 0,26428	0,16604
5,34	— 0,26642	0,17092
5,36	— 0,26874	0,17593
5,38	— 0,27124	0,18109
5,40	— 0,27393	0,18639
5,42	— 0,27683	0,19186
5,44	— 0,27995	0,19751
5,46	— 0,28330	0,20335
5,48	— 0,28690	0,20941
5,50	— 0,29076	0,21568
5,52	— 0,29490	0,22221
5,54	— 0,29935	0,22901
5,56	— 0,30413	0,23610
5,58	— 0,30925	0,24351
5,60	— 0,31476	0,25128
5,62	— 0,32069	0,25943
5,64	— 0,32707	0,26800
5,66	— 0,33394	0,27704
5,68	— 0,34135	0,28659
5,70	— 0,34936	0,29670
5,72	— 0,35802	0,30745
5,74	— 0,36741	0,31890
5,76	— 0,37761	0,33113
5,78	— 0,38871	0,34424
5,80	— 0,40083	0,35834
5,82	— 0,41408	0,37356
5,84	— 0,42863	0,39006
5,86	— 0,44466	0,40800
5,88	— 0,46238	0,42763
5,90	— 0,48206	0,44919
5,92	— 0,50402	0,47301
5,94	— 0,52866	0,49948
5,96	— 0,55646	0,52911
5,98	— 0,58806	0,56252
6,00	— 0,62426	0,60051
6,02	— 0,66611	0,64412
6,04	— 0,71498	0,69475
6,06	— 0,77278	0,75429
6,08	— 0,84213	0,82536

γ	$s(\gamma)$	$c(\gamma)$
6,10	— 0,92680	0,91175
6,12	— 1,03247	1,01910
6,14	— 1,16787	1,15619
6,16	— 1,34753	1,33752
6,18	— 1,59714	1,58879
6,20	— 1,96718	1,96046
6,22	— 2,57199	2,56691
6,24	— 3,73773	3,73427
6,26	— 6,91603	6,91417
6,28	— 50,0163	50,0160
2π	$\mp\infty$	$\pm\infty$
6,30	9,41521	— 9,41388
6,32	4,27389	— 4,27098
6,34	2,75282	— 2,74834
6,36	2,02420	— 2,01816
6,38	1,59693	— 1,58934
6,40	1,31622	— 1,30709
6,42	1,11780	— 1,10712
6,44	0,97017	— 0,95797
6,46	0,85610	— 0,84238
6,48	0,76536	— 0,75013
6,50	0,69150	— 0,67475
6,52	0,63023	— 0,61198
6,54	0,57861	— 0,55886
6,56	0,53455	— 0,51331
6,58	0,49652	— 0,47380
6,60	0,46338	— 0,43918
6,65	0,39668	— 0,36878
6,70	0,34639	— 0,31482
6,75	0,30724	— 0,27202
6,80	0,27600	— 0,23713
6,85	0,25057	— 0,20805
6,90	0,22955	— 0,18338
6,95	0,21194	— 0,16211
7,00	0,19704	— 0,14352
7,05	0,18431	— 0,12710
7,10	0,17337	— 0,11243
7,15	0,16392	— 0,09920
7,20	0,15571	— 0,08717
7,25	0,14855	— 0,07615
7,30	0,14231	— 0,06597
7,35	0,13686	— 0,05652
7,40	0,13211	— 0,04768
7,45	0,12796	— 0,03936
7,50	0,12437	— 0,03149

γ	$s(\gamma)$	$c(\gamma)$
7,55	0,12127	— 0,02401
7,60	0,11863	— 0,01685
7,65	0,11640	— 0,00995
7,70	0,11455	— 0,00329
7,75	0,11308	0,00318
7,80	0,11195	0,00951
7,85	0,11116	0,01572
7,90	0,11069	0,02185
7,95	0,11055	0,02794
8,00	0,11072	0,03401
8,05	0,11122	0,04010
8,10	0,11205	0,04624
8,15	0,11322	0,05248
8,20	0,11476	0,05883
8,25	0,11669	0,06537
8,30	0,11902	0,07213
8,35	0,12183	0,07915
8,40	0,12513	0,08651
8,45	0,12900	0,09427
8,50	0,13350	0,10253
8,55	0,13873	0,11140
8,60	0,14481	0,12099
8,65	0,15189	0,13146
8,70	0,16017	0,14301
8,75	0,16988	0,15591
8,80	0,18137	0,17049
8,85	0,19507	0,18721
8,90	0,21164	0,20670
8,95	0,23194	0,22987
9,00	0,25726	0,25800
9,05	0,28964	0,29311
9,10	0,33230	0,33846
9,15	0,39085	0,39962
9,20	0,47586	0,48721
9,25	0,61001	0,62392
9,30	0,85243	0,86883
9,35	1,42015	1,43903
9,40	4,28258	4,30390
3π	$\pm\infty$	$\pm\infty$
9,45	— 4,20718	— 4,18345
9,50	— 1,41176	— 1,38564
9,55	— 0,84936	— 0,82088
9,60	— 0,60839	— 0,57754
9,65	— 0,47475	— 0,44157
9,70	— 0,38998	— 0,35444
9,75	— 0,33152	— 0,29365

γ	$s(\gamma)$	$c(\gamma)$
9,80	—0,28885	—0,24866
9,85	—0,25641	—0,21387
9,90	—0,23097	—0,18611
9,95	—0,21054	—0,16332
10,00	—0,19382	—0,14424
10,05	—0,17991	—0,12795
10,10	—0,16820	—0,11384
10,15	—0,15824	—0,10145
10,20	—0,14970	—0,09044
10,25	—0,14231	—0,08056
10,30	—0,13589	—0,07162
10,35	—0,13030	—0,06344
10,40	—0,12541	—0,05591
10,45	—0,12111	—0,04893
10,50	—0,11733	—0,04241
10,55	—0,11403	—0,03628
10,60	—0,11114	—0,03051
10,65	—0,10862	—0,02497
10,70	—0,10642	—0,01973
10,75	—0,10455	—0,01466
10,80	—0,10296	—0,00978
10,85	—0,10164	—0,00502
10,90	—0,10058	—0,00037
10,95	—0,09976	0,00417
11,00	—0,09917	0,00866
11,05	—0,09882	0,01312
11,10	—0,09870	0,01756
11,15	—0,09881	0,02200
11,20	—0,09916	0,02648
11,25	—0,09975	0,03102
11,30	—0,10059	0,03563
11,35	—0,10171	0,04036
11,40	—0,10311	0,04524
11,45	—0,10483	0,05030
11,50	—0,10689	0,05557
11,55	—0,10933	0,06111
11,60	—0,11220	0,06697
11,65	—0,11556	0,07323
11,70	—0,11948	0,07995
11,75	—0,12404	0,08723
11,80	—0,12937	0,09522
11,85	—0,13563	0,10404
11,90	—0,14301	0,11393
11,95	—0,15176	0,12512
12,00	—0,16225	0,13800

γ	$s(\gamma)$	$c(\gamma)$
12,05	—0,17497	0,15306
12,10	—0,19063	0,17100
12,15	—0,21027	0,19288
12,20	—0,23553	0,22034
12,25	—0,26904	0,25602
12,30	—0,31547	0,30458
12,35	—0,38373	0,37494
12,40	—0,49347	0,48675
12,45	—0,69823	0,69355
12,50	—1,2126	1,2099
12,55	—4,8742	4,8735
4π	$\mp\infty$	$\pm\infty$
12,60	2,3541	—2,3528
12,65	0,94009	—0,93676
12,70	0,58580	—0,58052
12,75	0,42337	—0,41615
12,80	0,33136	—0,32219
12,85	0,27203	—0,26092
12,90	0,23071	—0,21766
12,95	0,20035	—0,18535
13,00	0,17716	—0,16022
13,05	0,15892	—0,14002
13,10	0,14424	—0,12338
13,15	0,13222	—0,10938
13,20	0,12221	—0,09737
13,25	0,11379	—0,08694
13,30	0,10664	—0,07775
13,35	0,10051	—0,06956
13,40	0,09523	—0,06219
13,45	0,09065	—0,05548
13,50	0,08667	—0,04934
13,55	0,08320	—0,04366
13,60	0,08017	—0,03838
13,65	0,07754	—0,03344
13,70	0,07524	—0,02878
13,75	0,07325	—0,02436
13,80	0,07154	—0,02015
13,85	0,07007	—0,01611
13,90	0,06884	—0,01222
13,95	0,06782	—0,00844
14,00	0,06700	—0,00476
14,05	0,06638	—0,00116
14,10	0,06594	0,00239
14,15	0,06568	0,00590
14,20	0,06560	0,00939
14,25	0,06570	0,01288

γ	$s(\gamma)$	$c(\gamma)$
14,30	0,06598	0,01638
14,35	0,06644	0,01992
14,40	0,06709	0,02351
14,45	0,06795	0,02717
14,50	0,06901	0,03094
14,55	0,07031	0,03483
14,60	0,07186	0,03887
14,65	0,07368	0,04310
14,70	0,07581	0,04755
14,75	0,07828	0,05227
14,80	0,08115	0,05731
14,85	0,08448	0,06275
14,90	0,08834	0,06866
14,95	0,09283	0,07514
15,00	0,09808	0,08233
15,05	0,10424	0,09039
15,10	0,11156	0,09955
15,15	0,12031	0,11012
15,20	0,13093	0,12251
15,25	0,14402	0,13734
15,30	0,16047	0,15549
15,35	0,18170	0,17839
15,40	0,21001	0,20837
15,45	0,24952	0,24951
15,50	0,30832	0,30991
15,55	0,40467	0,40786
15,60	0,59079	0,59555
15,65	1,0989	1,1052
15,70	7,9944	8,0023
5π	$\pm\infty$	$\pm\infty$
15,75	—1,5148	—1,5055
15,80	—0,69265	—0,68172
15,85	—0,44896	—0,43652
15,90	—0,33349	—0,31951
15,95	—0,26551	—0,25003
16,00	—0,22100	—0,20399
16,05	—0,18964	—0,17112
16,10	—0,16643	—0,16438
16,15	—0,14858	—0,12701
16,20	—0,13447	—0,11135
16,25	—0,12308	—0,09840
16,30	—0,11370	—0,08747
16,40	—0,09928	—0,06986
16,50	—0,08882	—0,05613

γ	$s(\gamma)$	$c(\gamma)$
16,60	—0,08103	—0,04496
16,70	—0,07512	—0,03554
16,80	—0,07061	—0,02735
16,90	—0,06719	—0,02005
17,00	—0,06465	—0,01338
17,10	—0,06285	—0,00715
17,20	—0,06170	—0,00121
17,30	—0,06116	0,00457
17,40	—0,06120	0,01030
17,50	—0,06183	0,01611
17,60	—0,06311	0,02214
17,70	—0,06510	0,02850
17,80	—0,06794	0,03542
17,90	—0,07182	0,04311
18,00	—0,07707	0,05194
18,10	—0,08414	0,06241
18,20	—0,09386	0,07536
18,30	—0,10761	0,09221
18,40	—0,12801	0,11558
18,50	—0,16075	0,15121
18,60	—0,22058	0,21384
18,70	—0,36176	0,35775
18,80	—1,0766	1,0753
6π	$\mp\infty$	$\pm\infty$
18,90	1,0465	—1,0452
19,00	0,34840	—0,34443
19,10	0,20851	—0,20192
19,20	0,14900	—0,13978
19,30	0,11633	—0,10446
19,40	0,09589	—0,08133
19,50	0,08206	—0,06477
19,60	0,07221	—0,05212
19,70	0,06496	—0,04197
19,80	0,05952	—0,03353
19,90	0,05539	—0,02627
20,00	0,05227	—0,01985
20,10	0,04994	—0,01407
20,20	0,04828	—0,00868
20,30	0,04719	—0,00357
20,40	0,04663	0,00136
20,50	0,04656	0,00627
20,60	0,04698	0,01118
20,70	0,04793	0,01620
20,80	0,04945	0,02149
20,90	0,05164	0,02718
21,00	0,05465	0,03344

γ	$s(\gamma)$	$c(\gamma)$
21,10	0,05868	0,04055
21,20	0,06410	0,04886
21,30	0,07145	0,05895
21,40	0,08167	0,07180
21,50	0,09646	0,08912
21,60	0,11930	0,11440
21,70	0,15841	0,15589
21,80	0,23934	0,23914
21,90	0,49957	0,50165
7π	$\pm\infty$	$\pm\infty$
22,00	—5,1374	—5,1332
22,10	—0,41857	—0,41200
22,20	—0,21928	—0,21050
22,30	—0,14954	—0,13854
22,40	—0,11428	—0,10105
22,50	—0,09320	—0,07770
22,60	—0,07933	—0,06151
22,70	—0,06961	—0,04943
22,80	—0,06254	—0,03993
22,90	—0,05727	—0,03212
23,00	—0,05327	—0,02549
23,10	—0,05023	—0,01968
23,20	—0,04795	—0,01446
23,30	—0,04627	—0,00967
23,40	—0,04513	—0,00515
23,50	—0,04444	—0,00083
23,60	—0,04420	0,00341
23,70	—0,04438	0,00764
23,80	—0,04501	0,01197
23,90	—0,04610	0,01646
24,00	—0,04775	0,02126
24,10	—0,05004	0,02648
24,20	—0,05315	0,03235
24,30	—0,05732	0,03912
24,40	—0,06295	0,04722
24,50	—0,07069	0,05733
24,60	—0,08169	0,07059
24,70	—0,09818	0,08928
24,80	—0,12508	0,11831
24,90	—0,17573	0,17104
25,00	—0,30383	0,30117
25,10	—1,21869	1,21804
8π	$\mp\infty$	$\pm\infty$
25,20	0,58451	—0,58316
25,30	0,23586	—0,23255
25,40	0,14753	—0,14224
25,50	0,10768	—0,10040

γ	$s(\gamma)$	$c(\gamma)$
25,60	0,08519	—0,07589
25,70	0,07090	—0,05956
25,80	0,06113	—0,04770
25,90	0,05413	—0,03855
26,00	0,04896	—0,03115
26,10	0,04507	—0,02494
26,20	0,04212	—0,01957
26,30	0,03989	—0,01478
26,40	0,03826	—0,01043
26,50	0,03711	—0,00637
26,60	0,03639	—0,00250
26,70	0,03605	0,00127
26,80	0,03610	0,00500
26,90	0,03652	0,00878
27,00	0,03736	0,01268
27,10	0,03864	0,01681
27,20	0,04046	0,02127
27,30	0,04294	0,02621
27,40	0,04625	0,03185
27,50	0,05069	0,03850
27,60	0,05672	0,04664
27,70	0,06515	0,05709
27,80	0,07746	0,07135
27,90	0,09674	0,09252
28,00	0,13056	0,12818
28,10	0,20390	0,20333
28,20	0,47625	0,47745
9π	$\pm\infty$	$\pm\infty$
28,30	—1,37795	—1,37500
28,40	—0,28217	—0,27747
28,50	—0,15804	—0,15160
28,60	—0,11051	—0,10232
28,70	—0,08559	—0,07564
28,80	—0,07040	—0,05865
28,90	—0,06028	—0,04669
29,00	—0,05315	—0,03768
29,10	—0,04793	—0,03052
29,20	—0,04403	—0,02460
29,30	—0,04108	—0,01953
29,40	—0,03884	—0,01507
29,50	—0,03717	—0,01104
29,60	—0,03596	—0,00731
29,70	—0,03516	—0,00379
29,80	—0,03472	—0,00039
29,90	—0,03461	0,00296
30,00	—0,03485	0,00631

$$0 \leqq x_1' \leqq a: \qquad \frac{\mu_i(x_1')}{\lambda_i} \doteq 0, \qquad \varphi_i(x_1') = (-1)^i \sqrt{\frac{2}{l}}\,(l_1 - a)\frac{x_1'}{a} \quad . \quad . \quad (97\,e)$$

$$i = 1,\ 2,\ 3\ \ldots$$

Die Berechnung der Funktionen $\varphi(x)$ und $\frac{\mu(x)}{\lambda}$ erfolgt im Mittelfeld für alle Hängestangenanschlußpunkte, im Außenfeld (wo keine Hängestangen sind) für die Anschlußpunkte der Querträger, da die Knotenlasten dort angreifen.

Einflußlinien und genaue Berechnung.

Bei der Berechnung der Einflußlinien, Durchbiegungen, Momente usw. gelten die gleichen Einschränkungen und Bemerkungen wie im Falle $\mathbf{D}_1$. Mit diesen Einschränkungen dürfen die Gl. (84) und die für Fall $\mathbf{C}_1$ angegebenen Gl. (51) bis (66) auch in diesem Falle angewendet werden. Dabei stellt sich die Vereinfachung ein, daß bei Berechnung von Momenten und Querkräften im Außenfeld oder von deren Einflußlinien, infolge des Umstandes, daß in den Außenfeldern sowohl $\frac{\mu_i(x_1)}{\lambda_i} = \frac{\mu_i(x_1')}{\lambda_i} = 0$ als auch $\overline{y}(x_1) = \overline{y}(x_1') = 0$ ist, aus den bezüglichen Gleichungen (57), (58), (65) und (66)

$$M_k(\xi) = \mathfrak{M}_k(\xi), \qquad M(k) = \mathfrak{M}(k), \quad . \quad . \quad . \quad . \quad . \quad . \quad . \quad . \quad (98)$$

$$Q_k(\xi) = \mathfrak{Q}_k(\xi), \qquad Q(k) = \mathfrak{Q}(k) \quad . \quad . \quad . \quad . \quad . \quad . \quad . \quad . \quad (99)$$

folgt.

Tafeln für die Funktionen $s(\gamma)$ und $c(\gamma)$.

Auf S. 48—52 sind zur Erleichterung der Rechnung ausführliche Tafeln der Funktionen $s(\gamma)$ und $c(\gamma)$ zusammengestellt. Diese Tafeln wurden von $\gamma = 0$ bis $\gamma = 6{,}60$ für das Intervall 0,02, von $\gamma = 6{,}60$ bis $\gamma = 16{,}30$ für das Intervall 0,05 und von $\gamma = 16{,}30$ bis $\gamma = 30{,}00$ für das Intervall 0,10 gerechnet. Zwischenwerte werden durch geradlinige Einschaltung gewonnen.

h) *Z*ahlenbeispiele.

Erstes Beispiel.

Genaue Berechnung einer einfeldrigen Hängebrücke mit Versteifungsträger von $l = 240$ m Spannweite. Die wichtigsten Abmessungen sind der Abb. 24 zu entnehmen. Die bleibende Last beträgt $g = 5{,}40$ t/m, die Nutzlast $p = 2{,}40$ t/m je Tragwand. Der Hängegurt ist als Kette mit angepaßtem Querschnitt ausgebildet. Die Berechnung wird mit konstantem Trägheitsmoment durchgeführt. Es ist $J = 0{,}25\ \text{m}^4$, $F_k^0 = 0{,}13\ \text{m}^2$, $E = 21 \cdot 10^6\ \text{t/m}^2$. Die Hängestangenanschlußpunkte sind in der linken Trägerhälfte mit 1, 2, 3 ..., in der rechten mit 1', 2', 3' ... bezeichnet.

Die in diesem Falle zu verwendenden Formeln sind im Abschnitt g, Fall A_1 zusammengestellt.

1. Ermittlung der Eigenlösungen φ.

Nach Gl. (5) ist

$$\varphi_i = \frac{\sqrt{2\,l}}{i\,\pi} \sin \frac{i\,\pi\,x}{l} = \frac{\sqrt{2 \cdot 240}}{3{,}1416\,i} \sin i\,\pi \frac{x}{l} = \frac{6{,}9738}{i} \sin \frac{i\,\pi\,x}{l}.$$

Daher gilt für die Knotenpunkte k, deren Abszisse $x = 10{,}0\,k$ ist,

$$\varphi_i(k) = \frac{6{,}9738}{i} \sin \frac{i\,k\,\pi}{24}.$$

Die Eigenwerte λ_i sind durch Gl. (4) mit

$$\lambda_i = i^2 \frac{\pi^2 EJ}{l^2} = \frac{\pi^2 \cdot 21 \cdot 10^6 \cdot 0{,}25}{240^2} = 899{,}6\, i^2$$

gegeben.

Man berechnet nun für die Hängestangenanschlußpunkte 1, 2, 3 ... die Ordinaten der φ_i-Linien. Diese Ordinaten sind in der Tafel a, linke Hälfte, zusammengestellt, und zwar für die Eigenlösungen φ_1 bis φ_5. Zur Eigenlösung φ_5 gehört ein Eigenwert $\lambda_5 = 22\,490$ t.

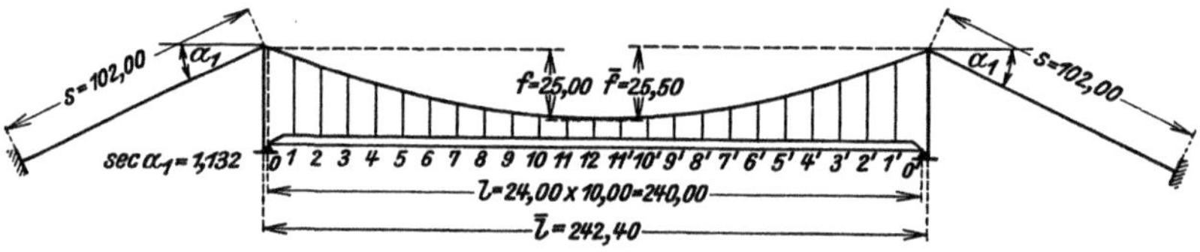

Abb. 24.

Da bei dieser Brücke (siehe S. 55 unten) $H_g = 1555$ t ist, so ist die S. 24 angegebene Regel erfüllt, daß mindestens alle Eigenfunktionen φ_i deren Eigenwert $\lambda_i \leq 10\, H_g$ ist, berechnet werden müssen, um praktisch ausreichende Genauigkeit zu erzielen. Es ist $\lambda_5 = 22\,490 > 10\, H_g = 15\,550$. Die erste Vertikalreihe der Tafel a enthält die mit dem Normierungsfaktor multiplizierten Werte von $\sin \frac{\pi}{24}$, $\sin \frac{2\pi}{24}$.... Die zweite Reihe φ_2 wird aus der ersten erhalten, indem die φ_1-Werte in den Punkten 0, 2, 4 ... durch 2 geteilt werden, die dritte Reihe, indem die φ_1-Werte in den Punkten 0, 3, 6 ... durch 3 geteilt werden usw., wobei nur die Vorzeichen in den einzelnen Wellen, siehe Abb. 25, zu beachten sind. In der Tafel a sind die Funktionen φ_i nur für die linke Trägerhälfte angeführt. Die Funktionen φ_1, φ_3, φ_5 sind symmetrisch, die Funktionen φ_2, φ_4 antisymmetrisch. Die rechte Hälfte der Tafel a enthält die durch schrittweise Addition gebildeten Summen $\sum_0^k \varphi_i(k)$, da diese Summen bei der weiteren Rechnung wiederholt verwendet werden. Außerdem enthält diese Tafel in den vorletzten beiden Zeilen die Eigenwerte λ_1 bis λ_5 sowie die Werte $\lambda_1 + H_g$ bis $\lambda_5 + H_g$.

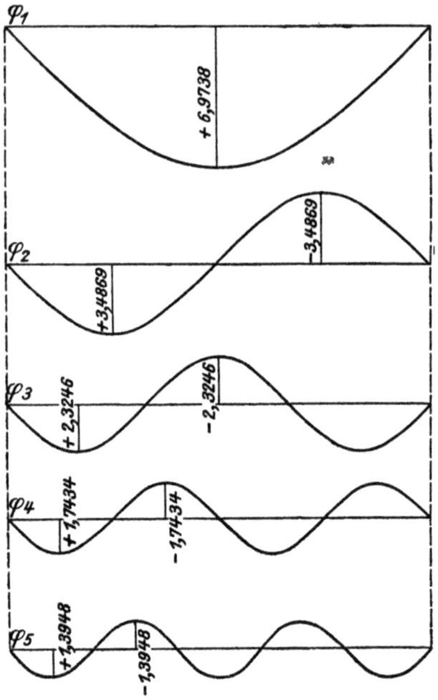

Abb. 25.

Für die Berechnung der Querkräfte ist auch die Kenntnis der durch die Feldweite e geteilten Differenzen

$$\frac{\Delta\, \varphi_i(k)}{e} = \frac{\varphi_i(k) - \varphi_i(k-1)}{e}$$

vorteilhaft. Diese Differenzen sind in Tafel b ebenfalls nur für die linke Trägerhälfte zusammengestellt. Hierbei ist zu beachten, daß $\Delta\varphi_1$, $\Delta\varphi_3$ und $\Delta\varphi_5$ antisymmetrische, $\Delta\varphi_2$ und $\Delta\varphi_4$ symmetrische Funktionen sind.[1])

[1]) Es empfiehlt sich jedoch bei der praktischen Durchführung der Rechnung, die Tafeln für φ_i, $\sum_0^k \varphi_i$, $\Delta\varphi_i$ für den ganzen Bereich 0—0′ anzulegen, es können sonst leicht Vorzeichenfehler oder andere Irrtümer entstehen. Da man aber mit den Tafeln im Bereich

Tafel a. Eigenfunktionen φ_1 bis φ_5 sowie $\sum\limits_0^k \varphi_1$ bis $\sum\limits_0^k \varphi_5$.

Punkt k	φ_1	φ_2	φ_3	φ_4	φ_5	$\sum\limits_0^k \varphi_1$	$\sum\limits_0^k \varphi_2$	$\sum\limits_0^k \varphi_3$	$\sum\limits_0^k \varphi_4$	$\sum\limits_0^k \varphi_5$
0	0	0	0	0	0	0	0	0	0	0
1	0,9103	0,9025	0,8896	0,8717	0,8491	0,9103	0,9025	0,8896	0,8717	0,8491
2	1,8050	1,7434	1,6437	1,5099	1,3472	2,7153	2,6459	2,5333	2,3816	2,1963
3	2,6687	2,4656	2,1477	1,7434	1,2886	5,3840	5,1115	4,6810	4,1250	3,4849
4	3,4869	3,0198	2,3246	1,5099	0,6974	8,8709	8,1313	7,0056	5,6349	4,1823
5	4,2453	3,3681	2,1477	0,8717	— 0,1821	13,1162	11,4994	9,1533	6,5066	4,0002
6	4,9312	3,4869	1,6437	0	— 0,9862	18,0474	14,9863	10,7970	6,5066	3,0140
7	5,5327	3,3681	0,8896	— 0,8717	— 1,3828	23,5801	18,3544	11,6866	5,6349	1,6312
8	6,0395	3,0198	0	— 1,5099	— 1,2079	29,6196	21,3742	11,6866	4,1250	0,4233
9	6,4430	2,4656	— 0,8896	— 1,7434	— 0,5337	36,0626	23,8398	10,7970	2,3816	— 0,1104
10	6,7362	1,7434	— 1,6437	— 1,5099	0,3610	42,7988	25,5832	9,1533	0,8717	0,2506
11	6,9141	0,9025	— 2,1477	— 0,8717	1,1065	49,7129	26,4857	7,0056	0	1,3571
12	6,9738	0	— 2,3246	0	1,3948	56,6867	26,4857	4,6810	0	2,7519
λ_i	899,6	3598,3	8096,1	14393	22489					
$\lambda_i + H_g$	2455	5153	9651	15948	24044					
b_i	— 3,6955	0	— 0,4059	0	— 0,1427					

Tafel b. Differenzenquotienten $\frac{\Delta\varphi_1}{e}$ bis $\frac{\Delta\varphi_5}{e}$.

$$\Delta\varphi_i(k) = \varphi_i(k) - \varphi_i(k-1); \quad e = 10,00.$$

Feld k	$\frac{\Delta\varphi_1}{e}$	$\frac{\Delta\varphi_2}{e}$	$\frac{\Delta\varphi_3}{e}$	$\frac{\Delta\varphi_4}{e}$	$\frac{\Delta\varphi_5}{e}$	Feld k	$\frac{\Delta\varphi_1}{e}$	$\frac{\Delta\varphi_2}{e}$	$\frac{\Delta\varphi_3}{e}$	$\frac{\Delta\varphi_4}{e}$	$\frac{\Delta\varphi_5}{e}$
1	0,09103	0,09025	0,08896	0,08717	0,08491	7	0,06015	— 0,01188	— 0,07541	— 0,08717	— 0,03966
2	0,08947	0,08409	0,07541	0,06382	0,04981	8	0,05068	— 0,03483	— 0,08896	— 0,06382	0,01749
3	0,08637	0,07222	0,05040	0,02335	— 0,00586	9	0,04035	— 0,05542	— 0,08896	— 0,02335	0,06742
4	0,08182	0,05542	0,01769	— 0,02335	— 0,05912	10	0,02932	— 0,07222	— 0,07541	0,02335	0,08947
5	0,07584	0,03483	— 0,01769	— 0,06382	— 0,08795	11	0,01779	— 0,08409	— 0,05040	0,06382	0,07455
6	0,06859	0,01188	— 0,05040	— 0,08717	— 0,08041	12	0,00597	— 0,09025	— 0,01796	0,08717	0,02883

2. Zahlenwerte für den Hängegurt.

In der folgenden Tafel c sind die Ordinaten der Kette in den Hängestangenanschlußpunkten 1, 2, ..., 12, sowie die Differenzenquotienten $\frac{\Delta y}{e} = \frac{y(k) - y(k-1)}{e}$ mit $e = 10$ m angegeben. Die Berechnung der y erfolgte für gleichförmig verteilt angenommenes Eigengewicht nach der Parabelformel.

$$y = \frac{4f}{l^2}\, x\,(l - x) = \frac{4 \cdot 25}{576}\, k\,(24 - k).$$

Tafel c. Ordinaten $y(k)$ und Quotienten $\frac{y(k) - y(k-1)}{e}$ der Kette.

k	0	1	2	3	4	5	6	7	8	9	10	11	12
$y(k)$	0	3,993	7,639	10,937	13,889	16,493	18,750	20,660	22,222	23,437	24,305	24,826	25,000
$\frac{y(k) - y(k-1)}{e}$		0,3993	0,3646	0,3298	0,2952	0,2604	0,2257	0,1910	0,1562	0,1215	0,0868	0,0521	0,0174

Berechnung von H_g und der Längen L und L_t.

$$H_g = \frac{g\,l^2}{8\,f} = \frac{5{,}40 \cdot 240^2}{8 \cdot 25} = 1555{,}2 \text{ t}.$$

0—12 bei einiger Vorsicht das Auslangen finden kann, wurden, um Raum zu sparen, nur die gekürzten Tafeln abgedruckt.

Nach Formel **(3)**

$$L = L_t = \bar{l}\left[1 + \frac{16}{3}\frac{\bar{f}^2}{\bar{l}^2}\right] + 2\,s\sec\alpha,$$

$$= 242{,}4\left[1 + \frac{16}{3}\frac{25{,}5^2}{242{,}4^2}\right] + 2\,.\,102\,.\,1{,}132 = 487{,}64\ \text{m}.$$

Damit findet man die Ausdrücke

$$\frac{L}{E_k F_k^0} = \frac{487{,}64}{21\,.\,10^6\,.\,0{,}13} = 1{,}786\,.\,10^{-4}; \qquad \varepsilon\, t\, L_t = \frac{35\cdot 487{,}64}{80000} = 0{,}2133.$$

3. Ermittlung der ungünstigsten Laststellungen.

Die ungünstigsten Laststellungen werden mit Hilfe von Einflußlinien nach dem quasilinearen Verfahren bestimmt. Hiebei genügt es, die Nullpunkte der Einflußlinien festzustellen, um die gegenseitige Abgrenzung der positiven und negativen Einflußbereiche zu finden. Um einen beiläufigen Anhaltspunkt für die Lage der Nullpunkte zu haben, empfiehlt es sich, die Einflußlinien nach der Näherungstheorie in der üblichen Weise zu bestimmen. Dies geht bei der einfach statisch unbestimmten Hängebrücke sehr rasch, da nur die H-Linie zu berechnen ist. In Abb. 26 sind mit Rücksicht auf den kleinen Maßstab der Abbildung nur die Lastscheiden nach der Näherungstheorie für die Momente M_3, M_6, M_9, M_{12} dargestellt. Die Nullpunkte der Einflußlinien sind durch kleine Ringe mit der betreffenden Momentenbezeichnung hervorgehoben. Von den in der Abb. 26 dargestellten Einflußlinien weisen M_3, M_6, M_9 je eine Lastscheide, M_{12} zwei Lastscheiden auf. In ähnlicher Weise bestimmt man die Lastscheiden für die Querkräfte. So sind z. B. in der Abb. 27 die Einflußlinien für die Querkräfte Q_3, Q_6, Q_9 veranschaulicht. Von diesen Linien weisen Q_3 und Q_6 zwei Lastscheiden, Q_9 eine Lastscheide auf.

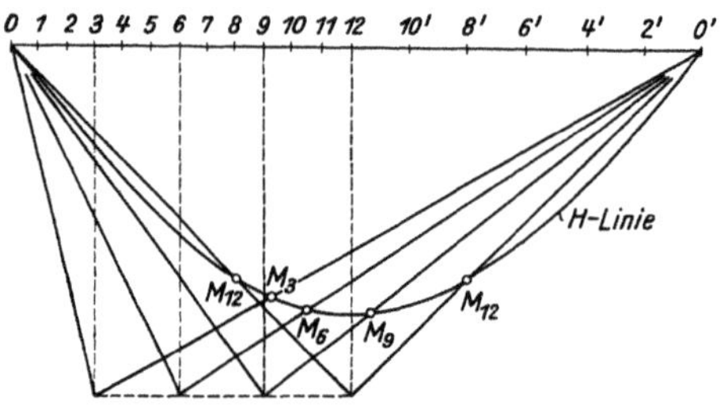

Abb. 26.

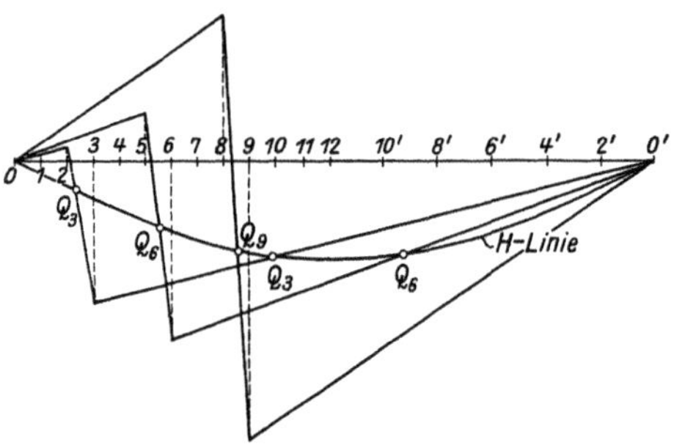

Abb. 27.

Einflußlinie von H_p nach dem quasilinearen Verfahren.

Die Eigengewichtsknotenlasten sind wegen der angenommenen gleichmäßigen Verteilung des Eigengewichtes alle gleich.

$$G = g\,.\,e = 5{,}40\,.\,10 = 54{,}0\ \text{t}.$$

Daraus folgen zunächst allgemein nach Gl. **(6)** die Grundwerte b_i

$$b_i = -\frac{1}{H_g}\sum_{k=0}^{0'} G\,\varphi_i(k) = -\frac{54{,}0}{1555{,}2}\sum_{k=0}^{0'}\varphi_i(k) = -0{,}034732\sum_{k=0}^{0'}\varphi_i(k).$$

Mit Hilfe der Tafel a ergibt sich

$$b_1 = -0{,}034732\left[\sum_{0}^{12}\varphi_1 + \sum_{11'}^{0'}\varphi_1\right] = -0{,}034732\,[56{,}6867 + 49{,}7129] = -3{,}6955,$$

$b_2 = 0,$

$$b_3 = -0{,}034732 \left[\sum_{0}^{12} \varphi_3 + \sum_{11'}^{0'} \varphi_3 \right] = -0{,}034732\,[4{,}6810 + 7{,}0056] = -0{,}4059,$$

$b_4 = 0,$

$$b_5 = -0{,}034732 \left[\sum_{0}^{12} \varphi_5 + \sum_{11'}^{0'} \varphi_5 \right] = -0{,}034732\,[2{,}7519 + 1{,}3571] = -0{,}1427.$$

Da die b_i-Werte auch weiterhin fortwährend gebraucht werden, so sind sie als letzte Zeile in Tafel a, linke Hälfte, eingetragen.

Für die $H(\xi)$-Linie, d. i. die Einflußlinie des Horizontalzuges H gilt Gl. **(7)**. Die laufende Koordinate wird mit ξ bezeichnet.

$$H(\xi) = -\frac{\sum\limits_{i} \frac{b_i\,\varphi_i(\xi)}{\lambda_i + H_g}}{\frac{L}{E_k F_k^0} + \sum\limits_{i} \frac{b_i^2}{\lambda_i + H_g}}.$$

Mit den eben berechneten Zahlengrößen b_i wird der Nenner von $H(\xi)$

$$\frac{L}{E_k F_k^0} + \sum_{i=1}^{5} \frac{b_i^2}{\lambda_i + H_g} = 1{,}786 \,.\, 10^{-4} + \frac{3{,}6955^2}{2455} + \frac{0{,}4059^2}{9651} + \frac{0{,}1427^2}{24044} =$$

$$= -(1{,}786 + 55{,}63 + 0{,}17 + 0{,}01)\; 10^{-4} = 57{,}60 \,.\, 10^{-4}$$

und der Zähler

$$\sum_{i=1}^{5} \frac{b_i\,\varphi_i(\xi)}{\lambda_i + H_g} = -\left[\frac{3{,}6955}{2455}\,\varphi_1(\xi) + \frac{0{,}4059}{9651}\,\varphi_3(\xi) + \frac{0{,}1427}{24044}\,\varphi_5(\xi) \right] =$$

$$= -10^{-4}\,[15{,}05\,\varphi_1(\xi) + 0{,}42\,\varphi_3(\xi) + 0{,}06\,\varphi_5(\xi)].$$

Schließlich erhält man nach Teilung durch den Nenner die Gleichung der Einflußlinie[1])

$$H(\xi) = 0{,}2613\,\varphi_1(\xi) + 0{,}0073\,\varphi_3(\xi) + 0{,}0010\,\varphi_5(\xi). \quad \text{(a)}$$

In Tafel d sind unter Benützung der Tafel a die Ordinaten der $H(\xi)$-Linie in den Punkten $\xi = 1, 2, 3, \ldots, 12$ berechnet. Die $H(\xi)$-Linie ist symmetrisch. In der letzten Zeile sind auch die Summen $\sum\limits_{0}^{k} H(\xi)$ ausgewiesen, da diese Werte in der weiteren Rechnung benötigt werden.

Tafel d. Berechnung der $H(\xi)$-Linie.

ξ	0	1	2	3	4	5	6	7	8	9	10	11	12
$0{,}2613\,\varphi_1$	0	0,238	0,472	0,697	0,911	1,109	1,288	1,446	1,578	1,684	1,760	1,807	1,822
$0{,}0073\,\varphi_3$	0	0,006	0,012	0,015	0,017	0,016	0,012	0,006	0	—0,006	—0,012	—0,016	—0,017
$0{,}0010\,\varphi_5$	0	0,001	0,001	0,001	0,001	0	—0,001	—0,001	—0,001	—0,001	0	0,001	0,001
$H(\xi)$	0	0,245	0,485	0,713	0,929	1,125	1,299	1,451	1,577	1,677	1,748	1,792	1,806
$\sum\limits_{0}^{\xi} H$	0	0,245	0,730	1,443	2,372	3,497	4,796	6,247	7,824	9,501	11,249	13,041	14,847

Horizontalzug H_t für $\pm 35^0$ Temperaturänderung.

Nach Gl. **(8)** ist

$$H_t = \mp \frac{\varepsilon\, t\, L_t}{\frac{L}{E_k F_k^0} + \sum\limits_{i} \frac{b_i^2}{\lambda_i + H_g}} = \mp \frac{0{,}2133}{57{,}60 \,.\, 10^{-4}} = \mp 37{,}0 \text{ t.}$$

[1]) Man beachte die rasche Abnahme der Beizahlen der aufeinanderfolgenden Summenglieder.

Einflußlinien für Moment, Querkraft und Neigung.

Wir zeigen im folgenden die Ermittlung der Lastscheidepunkte für die Linien M_3, Q_3 und für die Einflußlinie der Neigung am Auflager.

Moment M_3: Aus Abb. 26 entnimmt man, daß der Nullpunkt der M_3-Linie beiläufig bei Punkt 9 liegt. Man ermittelt daher die Ordinaten der M_3-Linie etwa für die Punkte $\xi = 8, 9, 10$, da in diesem Bereich der Nullpunkt liegen dürfte. Zur Berechnung der Einflußlinienordinaten dienen die Gl. (9) und (11)

$$\eta_k(\xi) = \sum_{i=1}^{5} d_i(k)\,\varphi_i(\xi), \qquad d_i(k) = \frac{\varphi_i(k) + b_i\,H(k)}{\lambda_i + H_g} \quad \text{(b)}$$

$$M_k(\xi) = \mathfrak{M}_k(\xi) - H(\xi)\,y(k) - H_g\,\eta_k(\xi). \quad \text{(c)}$$

Die Rechnung ist in der folgenden Tafel e durchgeführt. Die ersten fünf Zeilen dienen der Berechnung der Beiwerte $d_i(3)$ nach Formel (b). Die φ_i-Werte werden für $k = 3$ der Tafel a entnommen, $H(3)$ der Tafel d und schließlich $\lambda_i + H_g$ der Tafel a. Die folgenden vier Zeilen enthalten die Produkte $d_i(3)\,\varphi_i(\xi)$ mit $\xi = 8, 9, 10$ und 11.

Tafel e. Lastscheidepunkt der M_3-Linie.

=	1	2	3	4	5	
$\varphi_i(3)$	2,669	2,466	2,148	1,743	1,289	
$H(3)\,b_i = 0{,}713\,b_i$	−2,635	0	−0,289	0	−0,102	
$\varphi_i(3) + H(3)\,b_i$	0,034	2,466	1,859	1,743	1,187	
$\lambda_i + H_g$	2455	5153	9651	15948	24044	
$10^6\,d_i(3)$	14	479	193	109	49	
$10^6\,d_i(3)\,\varphi_i(8)$	85	1447	0	−165	−59	$\eta_3(8) = 0{,}001308$
$10^6\,d_i(3)\,\varphi_i(9)$	90	1181	−172	−190	−26	$\eta_3(9) = 0{,}000883$
$10^6\,d_i(3)\,\varphi_i(10)$	94	835	−317	−165	18	$\eta_3(10) = 0{,}000465$
$10^6\,d_i(3)\,\varphi_i(11)$	97	432	−414	− 95	54	$\eta_3(11) = 0{,}000074$

$\xi =$	8	9
$\mathfrak{M}_3(\xi)$	20,00	18,75
$-y(3)\,H(\xi) = -10{,}94\,H(\xi)$	−17,25	−18,35
$-H_g\,\eta_3(\xi) = -1555\,\eta_3(\xi)$	− 2,04	− 1,37
$M_3(\xi)$	0,71	− 0,97

Rechts sind die Summen jeder Horizontalreihe, d. s. nach Gl. (b) die gesuchten Ordinaten der $\eta_3(\xi)$-Linie, ausgeworfen. Die Berechnung für $\xi = 11$ wurde in dieser Tafel gleich mit aufgenommen, da dieser Punkt bei der Ermittlung der Lastscheiden von Q_3 gebraucht wird. Die kleine rechts stehende Tafel enthält schließlich die Berechnung der Ordinaten $M_3(\xi)$ in den Punkten $\xi = 8$ und 9 nach Gl. (c). Da der Vorzeichenwechsel zwischen 8 und 9 eintritt, liegt der Lastscheidepunkt zwischen 8 und 9. $M_3(10)$ braucht daher nicht mehr berechnet werden. Um max $(+M_3)$ zu erhalten, sind demnach die Knoten 1 bis 8, um max $(-M_3)$ zu gewinnen, die Punkte 9 bis 1′ mit vollen Knotenlasten zu belasten.

Tafel f. Lastscheidepunkt der Q_3-Linie.

$i =$	1	2	3	4	5		
$\varphi_i(2)$	1,805	1,743	1,644	1,510	1,347		
$H(2)\,b_i = 0{,}485\,b_i$	−1,792	0	−0,197	0	−0,069		
$\varphi_i(2) + H(2)\,b_i$	0,013	1,743	1,447	1,510	1,278		
$\lambda_i + H_g$	2455	5153	9651	15948	24044		
$10^6\,d_i(2)$	5	338	150	95	53		
$10^6\,d_i(2)\,\varphi_i(9)$	32	834	−134	−165	−28	$\eta_2(9) = 0{,}000539$,	$\eta_3(9) - \eta_2(9) = 0{,}000344$
$10^6\,d_i(2)\,\varphi_i(10)$	34	590	−246	−143	19	$\eta_2(10) = 0{,}000254$,	$\eta_3(10) - \eta_2(10) = 0{,}000211$
$10^6\,d_i(2)\,\varphi_i(11)$	35	305	−322	− 83	59	$\eta_2(11) = -0{,}000006$,	$\eta_3(11) - \eta_2(11) = 0{,}000080$

$\xi =$	9	10
$\mathfrak{Q}_3(\xi)$	0,625	0,583
$-\dfrac{y(3)-(y2)}{e}\,H(\xi) = -0{,}3298\,H(\xi)$	−0,554	−0,577
$-H_g\,\dfrac{\eta_3-\eta_2}{e} = -1555\,\dfrac{\eta_3-\eta_2}{10{,}0}$	−0,053	−0,033
$Q_3(\xi)$	0,018	−0,027

Querkraft Q_3: Nach Abb. 27 liegen die Nullpunkte im Felde 2—3 und in der Nähe von 10. Der erstgenannte Lastscheidepunkt kann auch nach der genauen Rechnung nicht aus dem Felde 2—3 treten. Es ist daher nur die Lage des zweiten Nullpunktes in der Nähe von 10 zu bestimmen. Zur Berechnung der Einflußlinien der Querkraft Q_3 dient Gl. (12)

$$Q_k(\xi) = \mathfrak{Q}_k(\xi) - H(\xi)\,\frac{y(k) - y(k-1)}{e} - H_g\,\frac{\eta_k(\xi) - \eta_{k-1}(\xi)}{e} \quad . \; . \; . \; . \; . \quad \text{(d)}$$

Die Rechnung ist in der Tafel f durchgeführt. Da die Einflußliniengleichung für Q_3, Gl. (d), die Differenz $\eta_3(\xi) - \eta_2(\xi)$ enthält, so sind die Ordinaten beider Linien in der Umgebung des Punktes 10, d. i. etwa für 9, 10 und 11 zu bestimmen. Die $\eta_3(\xi)$ Ordinaten für diese Punkte wurden bereits in Tafel e ermittelt. Es erübrigt daher noch die Bestimmung von $\eta_2(\xi)$. Dies ist in der Tafel f links, gemäß Gl. (b) geschehen. Der Vorgang ist der gleiche wie oben bei der Ermittlung von $\eta_3(\xi)$. Rechts sind in der kleinen Tafel die Ordinaten von Q_3 in den Punkten 9 und 10 errechnet. Diese Tafel ist nicht weitergeführt worden, da bereits zwischen 9 und 10 der Zeichenwechsel eintritt. Man erhält sonach max $(+Q_3)$ bei Belastung der Knoten 3 bis 9, max $(-Q_3)$ bei Belastung der Knoten 1 und 2 sowie 10 bis 1'.

Neigung der Fahrbahn am Trägerende. Zu diesem Zwecke wird die ungünstigste Laststellung für die Durchbiegung im Punkte 1 nach Gl. (b) ermittelt, die Neigung ist dann durch $\frac{\eta_1}{e}$ bestimmt, da $\eta_0 = 0$ ist. Für diese Neigung ist beiläufig halbseitige Belastung maßgebend. Wir ermitteln daher die Ordinaten der Einflußlinie in den Punkten 10, 11 usw. Man erkennt bereits nach Ermittlung von $\eta_1(10)$ und $\eta_1(11)$, siehe Tafel g, daß die Lastscheide zwischen 10 und 11 liegt und kann daher die Rechnung abbrechen. Die größte Neigung am linken Auflager tritt dann ein, wenn die linke Brückenhälfte von Knoten 1 bis 10 mit vollen Knotenlasten belastet ist.

Tafel g. Lastscheide für Neigung am Auflager.

$i =$	1	2	3	4	5	
$\varphi_i(1)$	0,910	0,903	0,890	0,872	0,849	
$H(1)\,b_i = 0{,}245\,b_i$	$-0{,}905$	0	$-0{,}100$	0	$-0{,}035$	
$\varphi_i(1) + H(1)\,b_i$	0,005	0,903	0,790	0,872	0,814	
$\lambda_i + H_g$	2455	5153	9651	15948	24044	
$10^6\,d_i(1)$	2	175	82	55	34	
$10^6\,d_i(1)\,\varphi_i(10)$	13	305	-135	-83	12	$\eta_1(10) = 0{,}000112$
$10^6\,d_i(1)\,\varphi_i(11)$	14	158	-176	-48	38	$\eta_1(11) = -0{,}000014$

Die Ermittlung der Lage der Lastscheiden geht im allgemeinen sehr rasch vor sich, da die Rechnung mit ausreichender Genauigkeit mit dem Rechenschieber durchgeführt werden kann. Dabei ist nicht einmal die Kenntnis einer genaueren Lage der Lastscheide zwischen zwei Aufhängepunkten notwendig. Es genügt die Feststellung jener zwei Punkte, zwischen denen die Lastscheide liegt, da ja nur volle Knotenlasten in Frage kommen.

4. Größtwerte der Momente.

Wir zeigen an der Berechnung von max $(+M_3)$, in welcher Weise die Berechnung der Momentengrößtwerte erfolgt.

max $(+M_3)$ entsteht, wenn die Knoten 1 bis 8 mit vollen Knotenlasten belastet sind und Temperaturerhöhung des Tragwerkes gegenüber dem spannungslosen Anfangszustand in Rechnung gestellt wird ($t = +35^0$).

Ermittlung von H_p aus Gl. (14).

$$\frac{L\,H_p}{E_k\,F_k^0} + \varepsilon\,t\,L_t + \sum_{i=1}^{5} \frac{(a_i + b_i\,H_p)\,b_i}{\lambda_i + H_g + H_p} = 0, \text{ wobei nach (13) } a_i = P \sum_{k=1}^{8} \varphi_i(k).$$

Knotenlast $P = 10{,}0 \,.\, 2{,}40 = 24{,}0$ t.

Unter **2.** wurde berechnet:

$$\frac{L}{E_k F_k^0} = 1{,}786 \,.\, 10^{-4}, \qquad \varepsilon\, t\, L = 0{,}2133.$$

Aus Tafel a, rechte Hälfte, folgen die Lastwerte

$$a_1 = 24 \,.\, 29{,}620 = 710{,}9, \qquad a_2 = 24 \,.\, 21{,}374 = 513{,}0,$$
$$a_3 = 24 \,.\, 11{,}687 = 280{,}5, \qquad a_4 = 24 \,.\, 4{,}125 = 99{,}0,$$
$$a_5 = 24 \,.\, 0{,}423 = 10{,}15.$$

Somit lautet die Gleichung zur Bestimmung von H_p

$$1{,}786 \,.\, 10^{-4} H_p + 0{,}2133 - \frac{(710{,}9 - 3{,}6955\, H_p)\, 3{,}6955}{2455 + H_p} - \frac{(280{,}5 - 0{,}4059\, H_p)\, 0{,}4059}{9651 + H_p} -$$
$$- \frac{(10{,}15 - 0{,}1427\, H_p)\, 0{,}1427}{24044 + H_p} = 0$$

oder

$$1{,}786 \,.\, 10^{-4} H_p + 0{,}2133 - \frac{2627{,}1 - 13{,}657\, H_p}{2455 + H_p} - \frac{113{,}9 - 0{,}1648\, H_p}{9651 + H_p} -$$
$$- \frac{1{,}45 - 0{,}0204\, H_p}{24044 + H_p} = 0.$$

Um einen ersten Anhaltspunkt für die Größe von H_p zu haben, benützen wir die Ergebnisse des quasilinearen Verfahrens. Aus Tafel d, letzte Zeile, findet man für Belastung der Knoten 1 bis 8 mit $P = 24$ t, $H_p = 24 \,.\, 7{,}824 = 187{,}8$ t. Weiters haben wir oben für $t = +35^0$, $H_t = -37{,}0$ t errechnet. Somit liegt H_p in der Gegend von $187{,}8 - 37{,}0 = 150{,}8$ t. Der genaue Wert von H_p muß kleiner sein.

Wir setzen versuchsweise $H_p = 150$ t und erhalten

$$1{,}786 \,.\, 10^{-4} \,.\, 150 + 0{,}2133 - \frac{578{,}5}{2605} - \frac{89{,}2}{9801} + \frac{1{,}61}{24194} = +0{,}0089;$$

weiters, $H_p = 145$ t und gewinnen

$$1{,}786 \,.\, 10^{-4} \,.\, 145 + 0{,}2133 - \frac{646{,}8}{2600} - \frac{90{,}0}{9796} + \frac{1{,}51}{24189} = -0{,}0188.$$

H_p liegt zwischen 145 und 150 t. Die lineare Einschaltung liefert den ausreichend genauen Wert

$$H_p = 148{,}4 \text{ t}.$$

Berechnung der Durchbiegung $\eta(3)$ nach Gl. **(15)** und **(16)**.

$$\eta(3) = \sum_{i=1}^{5} d_i\, \varphi_i(3), \qquad d_i = \frac{a_i + b_i H_p}{\lambda_i + H_g + H_p},$$

$$d_1 = \frac{710{,}9 - 3{,}6955 \,.\, 148{,}4}{2603} = 0{,}06243, \qquad d_2 = \frac{513{,}0}{5301} = 0{,}09677,$$

$$d_3 = \frac{280{,}5 - 0{,}4059 \,.\, 148{,}4}{9799} = 0{,}02248, \qquad d_4 = \frac{99{,}0}{16096} = 0{,}00615,$$

$$d_5 = \frac{10{,}15 - 0{,}1427 \,.\, 148{,}4}{24192} = -0{,}00045.$$

$$\eta(3) = 0{,}06243 \,.\, 2{,}669 + 0{,}09677 \,.\, 2{,}466 + 0{,}02248 \,.\, 2{,}148 + 0{,}00615 \,.\, 1{,}743 - 0{,}00045 \,.\, 1{,}289 =$$
$$= 0{,}1666 + 0{,}2386 + 0{,}0483 + 0{,}0107 - 0{,}0006 = 0{,}4636 \text{ m}.$$

Berechnung von $\max(+M_3)$ gemäß Gl. **(18)**.

$$M(3) = \mathfrak{M}(3) - H_p\, y(3) - (H_g + H_p)\, \eta(3).$$

Balkenmoment $\mathfrak{M}(3) = 3960$ mt,

$$\max(+M_3) = 3960 - 148{,}4 \,.\, 10{,}94 - (1555{,}2 + 148{,}4) \,.\, 0{,}4636 = \mathbf{1547 \text{ mt}}.$$

In der gleichen Weise werden die Momentengrößtwerte in den übrigen Hängestangenanschlußpunkten bestimmt. Bei Fachwerksträgern ist auch die Kenntnis von max (— M) notwendig; die Berechnung erfolgt in der gleichen Weise, nur ist der Einfluß der Temperaturänderung im entgegengesetzten Sinne in Rechnung zu stellen.

5. Größtwerte der Querkräfte.

Der Rechnungsgang wird an max $(+ Q_3)$, d. i. der Querkraft im Felde 2—3 dargelegt. max $(+ Q_3)$ entsteht, wenn die Knoten 3 bis 9 mit Lasten P besetzt sind und Temperaturerhöhung von $t = + 35^0$ berücksichtigt wird.

Mit Hilfe von Tafel a berechnen wir die Lastwerte a_i nach Gl. (13).

$$a_i = P \sum_3^9 \varphi_i = P \left[\sum_0^9 \varphi_i - \sum_0^2 \varphi_i \right].$$

Somit

$$a_1 = 24\,(36{,}063 - 2{,}715) = 800{,}3, \qquad a_2 = 24\,(23{,}840 - 2{,}646) = 508{,}7,$$
$$a_3 = 24\,(10{,}797 - 2{,}533) = 198{,}3, \qquad a_4 = 24\,(\,2{,}382 - 2{,}382) = 0,$$
$$a_5 = 24\,(-0{,}110 - 2{,}196) = -55{,}4.$$

Damit folgt die H_p-Gleichung, Gl. (14)

$$1{,}786 \cdot 10^{-4} H_p + 0{,}2133 - \frac{(800{,}3 - 3{,}6955\,H_p)\,3{,}6955}{2455 + H_p} - \frac{(198{,}3 - 0{,}4059\,H_p)\,0{,}4059}{9651 + H_p} -$$
$$- \frac{(-55{,}4 - 0{,}1427\,H_p)\,0{,}1427}{24044 + H_p} = 0.$$

Die Auflösung dieser Gleichung geschieht genau so, wie wir dies oben bei der Berechnung von $M(3)$ gezeigt haben. Sie ergibt

$$H_p = 171{,}1 \text{ t}.$$

Damit findet man die Entwicklungskoeffizienten d_i nach Gl. (15)

$$d_1 = \frac{800{,}3 - 3{,}6955 \cdot 171{,}1}{2626} = 0{,}06398, \qquad d_2 = \frac{508{,}7}{5324} = 0{,}09555,$$

$$d_3 = \frac{198{,}3 - 0{,}4059 \cdot 171{,}1}{9822} = 0{,}01312, \qquad d_4 = 0,$$

$$d_5 = \frac{-55{,}4 - 0{,}1427 \cdot 171{,}1}{24215} = -0{,}00330.$$

Die Ermittlung von max $(+ Q_3)$ erfordert nach Gl. (19) die Berechnung der Differenz $\eta(3) - \eta(2)$ für die in Frage kommende Belastung. Es ist

$$\eta(3) - \eta(2) = \sum_{i=1}^{5} d_i\,[\varphi_i(3) - \varphi_i(2)] = \sum_{i=1}^{5} d_i\,\Delta\,\varphi_i(3).$$

Aus Tafel b kann $\frac{\Delta\,\varphi(3)}{e}$ entnommen werden. Es ergibt sich sohin

$$\frac{\eta(3) - \eta(2)}{e} = 0{,}06398 \cdot 0{,}08637 + 0{,}09555 \cdot 0{,}07222 + 0{,}01312 \cdot 0{,}05040 + 0{,}0033 \cdot 0{,}00586 =$$
$$= 0{,}01311.$$

Schließlich ist nach Formel (19)

$$Q(3) = \mathfrak{Q}(3) - H_p \frac{y(3) - y(2)}{e} - (H_g + H_p)\,\frac{\eta(3) - \eta(2)}{e}$$

und mit $\mathfrak{Q}(3) = 126$ t und $\frac{y(3) - y(2)}{e} = 0{,}3298$ aus Tafel c folgt

$$\max\,(+ Q_3) = 126 - 171{,}1 \cdot 0{,}3298 - (1555{,}2 + 171{,}1)\,0{,}01311 = 47{,}0 \text{ t}.$$

6. Größtwert der Fahrbahnneigung am Trägerende.

Belastung: Lasten P in Knoten 1 bis 10 und Temperaturerhöhung um 35^0. Wir berechnen nach Gl. (13) die Lastwerte

$$a_1 = 24 \,.\, 42{,}799 = 1027{,}2, \qquad a_2 = 24 \,.\, 25{,}583 = 614{,}0,$$
$$a_3 = 24 \,.\, 9{,}153 = 219{,}7, \qquad a_4 = 24 \,.\, 0{,}872 = 20{,}9,$$
$$a_5 = 24 \,.\, 0{,}251 = 6{,}0.$$

H_p-Gleichung (14):

$$1{,}786 \,.\, 10^{-4} H_p + 0{,}2133 - \frac{(1027{,}2 - 3{,}6955\, H_p)\, 3{,}6955}{2455 + H_p} - \frac{(219{,}7 - 0{,}4059\, H_p)\, 0{,}4059}{9651 + H_p} -$$
$$- \frac{(6{,}0 - 0{,}1427\, H_p)\, 0{,}1427}{24044 + H_p} = 0.$$

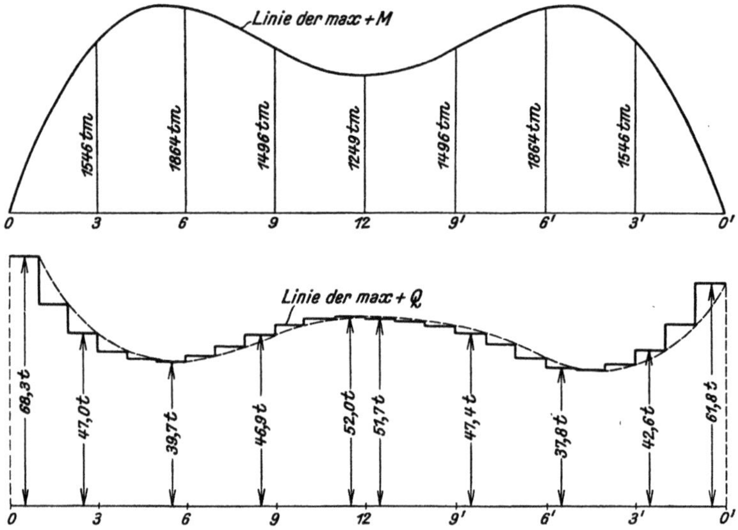

Abb. 28.

Die Auflösung liefert

$$H_p = 229{,}0 \text{ t}.$$

Weiters ist nach Gl. (15)

$$d_1 = \frac{1027{,}2 - 3{,}6955 \,.\, 229{,}0}{2684} = 0{,}06740, \qquad d_2 = \frac{614{,}0}{5382} = 0{,}11410,$$

$$d_3 = \frac{219{,}7 - 0{,}4059 \,.\, 229{,}0}{9880} = 0{,}01282, \qquad d_4 = \frac{20{,}9}{16177} = 0{,}00129,$$

$$d_5 = \frac{6{,}0 - 0{,}1427 \,.\, 229{,}0}{24273} = -0{,}00110.$$

Man erhält schließlich für die Durchbiegung $\eta(1)$ gemäß Gl. (16) unter Benützung der Tafel a

$$\eta(1) = 0{,}06740 \,.\, 0{,}9103 + 0{,}11410 \,.\, 0{,}9025 + 0{,}01282 \,.\, 0{,}8896 + 0{,}00129 \,.\, 0{,}8717 -$$
$$- 0{,}00110 \,.\, 0{,}8491 = 0{,}1759 \text{ m}.$$

Daher ist die Neigung im letzten Felde

$$\psi(1) = \frac{0{,}1759}{10} = 0{,}0176 = 1{,}76\%.$$

Das Ergebnis der weiteren Berechnung der Größtmomente und Größtquerkräfte ist in Abb. 28 niedergelegt. Diese Abbildung zeigt die Linien der positiven Größtmomente und darunter die Linien der positiven Größtquerkräfte.

Aus der folgenden Tafel h kann man die Unterschiede ersehen, die zwischen der Rechnung nach der genauen Theorie und nach der Näherungstheorie bestehen.

Tafel h.

	Momente max (+ M) in mt				Querkräfte max (+ Q) in t		Neigung am Auflager max ψ_1
	$M(3)$	$M(6)$	$M(9)$	$M(12)$	$Q(1)$	$Q(12)$	
Genaue Theorie	1547	1864	1496	1249	68,3	52,0	1,76 %
Näherungstheorie	2026	2606	2066	1445	85,4	71,9	2,21 %
Unterschied in % der genauen Werte	31	40	38	17	25	38	26

Zweites Beispiel.

Als zweites Beispiel betrachten wir eine Hängebrücke, die in den Hauptabmessungen und Belastungen mit der im ersten Beispiel behandelten Brücke übereinstimmt. Das Trägheitsmoment des Versteifungsträgers soll aber nicht mehr unveränderlich, sondern nach Abb. 29 dem Momentenverlauf angepaßt sein. Das veränderliche Trägheitsmoment wurde so gewählt, daß der über die ganze Trägerlänge genommene Mittelwert von $J(x)$ gerade

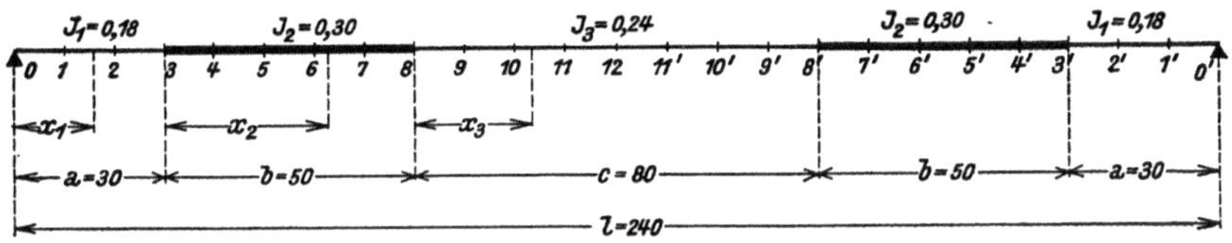

Abb. 29.

gleich 0,25 m⁴ ist, d. i. gleich dem im vorigen Beispiel gewählten konstanten Trägheitsmoment. Der Vergleich der Ergebnisse dieser beiden Beispiele wird einen Einblick in die Größe des Fehlers gestatten, der durch Vernachlässigung der Veränderlichkeit von J entsteht.

Die Formeln, die hier zu verwenden sind, sind in Abschnitt **g**, Fall $\mathbf{A}_2$ angegeben.

Wir ermitteln zunächst die Eigenlösungen φ_i. Die Abmessungen des Versteifungsträgers sind:

$a = 30$ m, $b = 50$ m, $c = 80$ m, $J_1 = 0{,}18$ m^4, $J_2 = 0{,}30$ m^4, $J_3 = J_m = 0{,}24$ m^4.

Wir berechnen nach Gl. **(20)**

$$a' = \frac{J_m}{J_1} a = 40, \qquad b' = \frac{J_m}{J_2} b = 40, \qquad c' = \frac{J_m}{J_3} c = 80,$$

Nach Gl. **(22)** ist

$$\gamma_1 = a\sqrt{\frac{\lambda}{EJ_1}}, \qquad \gamma_2 = b\sqrt{\frac{\lambda}{EJ_2}}, \qquad \gamma_3 = c\sqrt{\frac{\lambda}{EJ_3}}. \quad \ldots\ldots \quad \text{(a)}$$

Aus diesen Gleichungen bilden wir

$$\left.\begin{aligned} \gamma_1 &= \frac{a}{b}\sqrt{\frac{J_2}{J_1}}\cdot\gamma_2 = \frac{30}{50}\sqrt{\frac{0{,}30}{0{,}18}}\,\gamma_2 = 0{,}7746\,\gamma_2, \qquad \gamma_2 = \gamma_2, \\ \gamma_3 &= \frac{c}{b}\sqrt{\frac{J_2}{J_3}}\cdot\gamma_2 = \frac{80}{50}\sqrt{\frac{0{,}30}{0{,}24}}\,\gamma_2 = 1{,}7888\,\gamma_2, \\ \lambda &= \frac{EJ_2}{b^2}\gamma_2^2 = \frac{21\cdot 10^6\cdot 0{,}30}{2500}\gamma_2^2 = 2520\,\gamma_2^2. \end{aligned}\right\} \quad \ldots \quad \text{(a')}$$

Aus Gl. **(21)** sind die zu den symmetrischen Eigenlösungen gehörenden Werte von λ zu bestimmen.

$$\Delta = \left[a'\left(c_1 - \frac{1}{\gamma_1^2}\right) + b'\left(c_2 - \frac{1}{\gamma_2^2}\right)\right]\left[b'\left(c_2 - \frac{1}{\gamma_2^2}\right) + c'(c_3 + s_3)\right] - b'^2\left(s_2 + \frac{1}{\gamma_2^2}\right)^2 = 0.$$

Im vorliegenden Falle ist $2a' = 2b' = c'$, wenn man daher die Gleichung durch a'^2 dividiert, so entsteht

$$\Delta = \left[c_1 - \frac{1}{\gamma_1^2} + c_2 - \frac{1}{\gamma_2^2}\right]\left[c_2 - \frac{1}{\gamma_2^2} + 2(c_3 + s_3)\right] - \left(s_2 + \frac{1}{\gamma_2^2}\right)^2 = 0 \ldots \quad \text{(b)}$$

Die in Gl. (b) auftretenden Größen c_1, c_2, c_3, s_2, s_3 bedeuten die Funktionen $c(\gamma_1)$, $c(\gamma_2)$ usw. Die Gl. (b) gestattet unter Beachtung der Verknüpfungen (a') die Bestimmung von λ, γ_1, γ_2 und γ_3. Da Gl. (b) aber transzendent ist, muß man zu ihrer Auflösung ein Probierverfahren verwenden.

Die Ermittlung der ersten Eigenlösung wollen wir hier vollständig durchführen. Wir wissen, daß die Eigenwerte, welche im 1. Beispiel bei konstantem Trägheitsmoment gefunden wurden, beiläufig die gleichen sein müssen wie bei der genaueren Rechnung mit veränderlichem Trägheitsmoment. Wir fanden im 1. Beispiel $\lambda_1 = 899{,}6$ t. Wir werden daher jetzt den ersten Eigenwert in der Nähe von $\lambda = 900$ t suchen. Nach der letzten Gl. (a') ist $\gamma_2 = \sqrt{\frac{\lambda}{2520}} = \sqrt{\frac{900}{2520}} = 0{,}598$. Wir versuchen $\gamma_2 = 0{,}600$ und finden aus den Gl. (a')

$$\gamma_1 = 0{,}7746 \cdot 0{,}600 = 0{,}4648, \qquad \gamma_3 = 1{,}7888 \cdot 0{,}600 = 1{,}0733.$$

Aus den Tabellen auf S. 48ff. entnehmen wir

$$c_1 = 0{,}3382, \qquad c_2 = 0{,}3416, \qquad s_2 = 0{,}1739, \qquad c_3 + s_3 = 0{,}5543.$$

In Gleichung (b) eingesetzt, ergibt dies

$$\Delta = \left[0{,}3382 - \frac{1}{0{,}4648^2} + 0{,}3416 - \frac{1}{0{,}600^2}\right]\left[0{,}3416 - \frac{1}{0{,}600^2} + 2 \cdot 0{,}5543\right] -$$
$$- \left[0{,}1739 + \frac{1}{0{,}600^2}\right]^2 = 0{,}2180.$$

Da Δ nur mehr wenig von Null verschieden ist, so versuchen wir jetzt den etwas größeren Wert $\gamma_2 = 0{,}620$ und erhalten auf dem gleichen Wege

$$\Delta = -0{,}5618.$$

Durch lineare Interpolation gewinnen wir schließlich den genauen Wert $\gamma_2 = 0{,}6056$. Die zugehörigen Werte γ_1 und γ_3 sind

$$\gamma_1 = 0{,}7746 \cdot 0{,}6056 = 0{,}4691, \qquad \gamma_3 = 1{,}7888 \cdot 0{,}6056 = 1{,}0833.$$

Der erste Eigenwert ist:

$$\lambda = 2520 \cdot 0{,}6056^2 = 924{,}2 \text{ t}.$$

Wir berechnen jetzt nach Gl. (23)

$$\varrho = \frac{40\left(0{,}3383 - \frac{1}{0{,}4691^2} + 0{,}3418 - \frac{1}{0{,}6056^2}\right)}{40\left(0{,}1741 + \frac{1}{0{,}6056^2}\right)} = -2{,}272,$$

wobei die Werte c_1, c_2 und s_2 wieder aus den Tafeln auf S. 48ff. entnommen wurden. Nach Gl. (24) ist

$$N^2 = \frac{0{,}4691^2}{30 \cdot 0{,}4521^2} + \frac{0{,}6056^2}{50 \cdot 0{,}5693^2}(2{,}272^2 - 2 \cdot 2{,}272 \cdot 0{,}8222 + 1) + \frac{1{,}0833^2 \cdot 2{,}272^2}{2 \cdot 80 \cdot 0{,}8569^2} =$$
$$= 0{,}14235.$$
$$\frac{1}{N} = 2{,}650.$$

Gemäß den Gl. (25) ergeben sich jetzt die folgenden Formeln für $\varphi(x)$. (Siehe Abb. 29.)

$$0 \leq x_1 \leq 30: \qquad \varphi(x_1) = \frac{2{,}650}{0{,}4521} \sin 0{,}4691 \frac{x_1}{30} = 5{,}862 \sin 0{,}4691 \frac{x_1}{30}.$$

$$0 \leq x_2 \leq 50: \qquad \varphi(x_2) = \frac{2{,}650}{0{,}5693} \sin 0{,}6056\left(1 - \frac{x_2}{50}\right) + \frac{2{,}650 \cdot 2{,}272}{0{,}5693} \sin 0{,}6056 \frac{x_2}{50} =$$
$$= 4{,}655 \sin 0{,}6056\left(1 - \frac{x_2}{50}\right) + 10{,}576 \sin 0{,}6056 \frac{x_2}{50}.$$

$$0 \leqq x_3 \leqq 80: \qquad \varphi(x_3) = \frac{2{,}650 \cdot 2{,}272}{0{,}8569} \cos 1{,}0833 \left(\frac{1}{2} - \frac{x_3}{80}\right) = 7{,}026 \cos 1{,}0833 \left(\frac{1}{2} - \frac{x_3}{80}\right).$$

Die Werte der Funktion φ sind nun in allen Knotenpunkten zu berechnen. Dies geschieht in der folgenden Tafel a, die ohne weiteres verständlich ist. Es genügt, die Funktionswerte in der Trägerhälfte 0 bis 12 zu errechnen, da die Eigenfunktion φ_1 symmetrisch ist.

Tafel a. Berechnung von $\varphi_1(k)$.

k	x_1	$\alpha = 0{,}4691 \frac{x_1}{30}$	$\sin \alpha$	$\varphi_1(k)$
0	0	0	0	0
1	10	0,1564	0,1558	0,913
2	20	0,3127	0,3076	1,803
3	30	0,4691	0,4521	2,650

k	x_2	$\alpha_1 = 0{,}6056\left(1 - \frac{x_2}{50}\right)$	$\alpha_2 = 0{,}6056 \frac{x_2}{50}$	$\sin \alpha_1$	$\sin \alpha_2$	$4{,}655 \sin \alpha_1$	$10{,}576 \sin \alpha_2$	$\varphi_1(k)$
3	0	0,6056	0	0,5693	0	2,650	0	2,650
4	10	0,4845	0,1211	0,4658	0,1208	2,168	1,278	3,446
5	20	0,3634	0,2422	0,3555	0,2398	1,655	2,536	4,191
6	30	0,2422	0,3634	0,2398	0,3555	1,116	3,760	4,876
7	40	0,1211	0,4845	0,1208	0,4658	0,562	4,926	5,488
8	50	0	0,6056	0	0,5693	0	6,021	6,021

k	x_3	$\alpha = 1{,}0833\left(\frac{1}{2} - \frac{x_3}{80}\right)$	$\cos \alpha$	$\varphi_1(k)$
8	0	0,5416	0,8569	6,021
9	10	0,4062	0,9186	6,454
10	20	0,2708	0,9636	6,770
11	30	0,1354	0,9908	6,961
12	40	0	1,0000	7,026

Nun kann man an die Berechnung der weiteren symmetrischen Eigenlösungen schreiten. Man sucht nach dem gleichen Verfahren die nächsten Wurzeln der Gl. (b). Aus dem ersten Beispiel kennt man wieder Näherungswerte von λ, nämlich $\lambda_3 = 8096$ t, $\lambda_5 = 22490$ t. (Die Eigenwerte λ_2 und λ_4 gehören zu antisymmetrischen Eigenlösungen, es entspricht ihnen daher keine Wurzel der Gl. (b).) Da die weitere Rechnung nichts Neues mehr bringt, so übergehen wir sie. Schließlich bestimmt man in gleicher Weise auch die antisymmetrischen Eigenlösungen, wobei die Gl. (**26**), (**27**) und (**28**) Verwendung finden.

Tafel b. Eigenlösungen $\varphi_i(k)$.

k	$\varphi_1(k)$	$\varphi_2(k)$	$\varphi_3(k)$	$\varphi_4(k)$	$\varphi_5(k)$
0	0	0	0	0	0
1	0,913	0,976	1,038	0,779	0,892
2	1,803	1,852	1,859	1,620	1,303
3	2,650	2,540	2,289	1,704	1,010
4	3,446	3,025	2,345	1,290	0,256
5	4,191	3,325	2,104	0,604	— 0,583
6	4,876	3,422	1,597	— 0,206	— 1,228
7	5,488	3,308	0,887	— 0,974	— 1,469
8	6,021	2,992	0,064	— 1,538	— 1,225
9	6,454	2,471	— 0,779	— 1,745	— 0,534
10	6,770	1,760	— 1,497	— 1,498	0,377
11	6,961	0,915	— 1,979	— 0,861	1,132
12	7,026	0	— 2,149	0	1,423
$\lambda_i =$	924,2	3881	8074	13412	21400

Die gefundenen Werte der Eigenfunktionen $\varphi_i(k)$ sind in der Tafel b für $k = 1, 2, \ldots, 12$ zusammengestellt. Die Eigenlösungen φ_1, φ_3, φ_5 sind symmetrisch, während φ_2, φ_4 antisymmetrisch sind.

Da sich von da ab die weiteren Rechnungen zur Ermittlung der ungünstigsten Laststellungen, der Größtmomente, Querkräfte usw. in keinem Punkte von den im ersten Beispiel durchgeführten Rechnungen unterscheiden, es treten nur an Stelle der im vorigen Beispiel errechneten Eigenlösungen φ_i und Eigenwerte λ_i die in diesem Beispiele in Tafel b angegebenen Eigenlösungen und Eigenwerte, so begnügen wir uns mit der Angabe von einigen Ergebnissen. Die folgende Zusammenstellung läßt die Unterschiede erkennen, die bei der Rechnung mit dem mittleren Trägheitsmoment gegenüber der genaueren Rechnung mit abgestuften Trägheitsmomenten entstehen.

	max M_6	max M_{12}	max Q_1
J veränderlich	1935 tm	1218 tm	68,5 t
J konstant	1864 tm	1249 tm	68,3 t
Unterschied	+ 3,7%	— 2,5%	0,3%

Die Unterschiede sind verhältnismäßig klein und betragen nur wenige Hundertteile, obwohl die Abweichung der Trägheitsmomente von ihrem Mittelwert rund 20% betragen. Man begeht im allgemeinen bei Hängebrücken, die durch einfache Balkenträger versteift sind, nur einen kleinen Fehler, wenn man sie mit unveränderlichem, mittlerem Trägheitsmoment berechnet. Will man jedoch die Veränderlichkeit des Trägheitsmomentes berücksichtigen, so ist es ausreichend, die Abstufung des Trägheitsmoments, so wie es in diesem Beispiele geschehen ist, in fünf Bereichen vorzunehmen. Eine weitere Verfeinerung der Abstufungen hätte die Ergebnisse nur mehr ganz unwesentlich beeinflußt.

Drittes Beispiel.

Berechnung einer dreifeldrigen Hängebrücke, deren Versteifungsträger einfache Balken von unveränderlichem Trägheitsmoment sind. Die wichtigsten Abmessungen sowie die Bezifferung der Knotenpunkte sind in Abb. 30 eingetragen. Die bleibende Last beträgt $g = 20$ t/m, die Verkehrslast $p = 6{,}0$ t/m je Tragwand. Der Hängegurt ist ein Kabel von $F_k = 0{,}400$ m² Querschnitt und $E_k = 16{,}5 \cdot 10^6$ t/m² Elastizitätsmodul. Das Trägheitsmoment der Versteifungsträger im Mittelfeld und im Außenfeld sei $J = J_1 = 2{,}00$ m⁴, ihr Elastizitätsmodul $E = 21 \cdot 10^6$ t/cm².

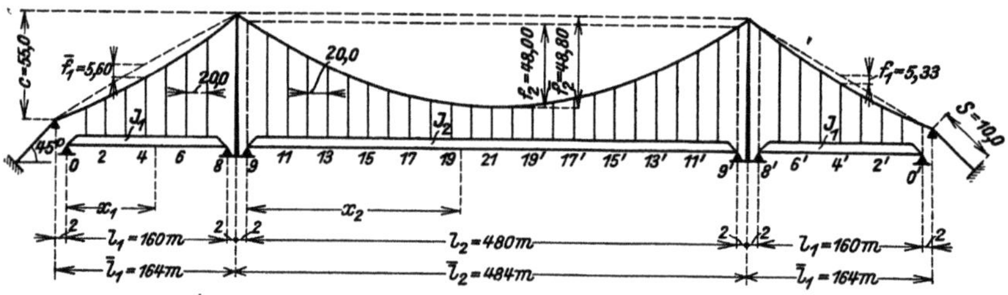

Abb. 30.

In diesem Beispiel gelangen die in Abschnitt **g**, Fall $\mathbf{B}_1$ angegebenen Formeln zur Verwendung.

1. Ermittlung der Eigenlösungen φ.

Die Gl. (29) liefern drei Typen von Eigenlösungen, die zu den drei Brückenöffnungen gehören. Um festzulegen, welche Eigenlösungen wir berücksichtigen wollen, berechnen wir zuerst die aus Gl. (29), erste Reihe folgenden Eigenwerte und erhalten

in Öffnung 0—8 : $\lambda = 16190, 64770, 145700, \ldots$ t;
in Öffnung 9—9': $\lambda = 1799, 7196, 16190, 28780, 44980, 64770, 88150, \ldots$ t;
in Öffnung 8'—0': $\lambda = 16190, 64770, 145700, \ldots$ t.

Gemäß Abschnitt **e**, S. 24, setzen wir fest, daß alle Eigenlösungen berücksichtigt werden, deren Eigenwert $\lambda < 6\,H_g = 72\,000$ ist. In den Außenfeldern werden daher die ersten zwei, im Mittelfeld die ersten sechs Eigenlösungen berechnet. Die Berechnung erfolgt nach den Gl. **(29)** und ergibt

$$\lambda = 16190\, i^2\colon \quad \varphi(x_1) = \frac{5{,}6941}{i} \sin i\,\pi\,\frac{x_1}{160}, \quad \varphi(x_2) = \varphi(x_3) = 0, \quad (i = 1, 2)\,.$$

$$\lambda = 1799\, i^2\colon \quad \varphi(x_1) = 0, \quad \varphi(x_2) = \frac{9{,}8625}{i} \sin i\,\pi\,\frac{x_2}{480}, \quad \varphi(x_3) = 0, \quad (i = 1, 2, 3, 4, 5, 6)\,.$$

$$\lambda = 16190\, i^2\colon \quad \varphi(x_1) = \varphi(x_2) = 0, \quad \varphi(x_3) = \frac{5{,}6941}{i} \sin i\,\pi\,\frac{x_3}{160}, \quad (i = 1, 2)\,.$$

Diese Eigenlösungen wurden für alle Hängestangenanschlußpunkte berechnet und in Tafel a zusammengestellt. Die Bezifferung der Eigenlösungen erfolgte so, daß die Eigenwerte eine

Tafel a. Eigenlösungen $\varphi_i(k)$.

k	$\varphi_1(k)$	$\varphi_2(k)$	$\varphi_3(k)$	$\varphi_4(k)$	$\varphi_5(k)$	$\varphi_6(k)$	$\varphi_7(k)$	$\varphi_8(k)$	$\varphi_9(k)$	$\varphi_{10}(k)$
0	0	0	0	0	0	0	0	0	0	0
1	0	0	0	2,179	0	0	0	2,013	0	0
2	0	0	0	4,026	0	0	0	2,847	0	0
3	0	0	0	5,261	0	0	0	2,013	0	0
4	0	0	0	5,694	0	0	0	0	0	0
5	0	0	0	5,261	0	0	0	−2,013	0	0
6	0	0	0	4,026	0	0	0	−2,847	0	0
7	0	0	0	2,179	0	0	0	−2,013	0	0
8	0	0	0	0	0	0	0	0	0	0
9	0	0	0	0	0	0	0	0	0	0
10	1,287	1,276	1,258	0	0	1,233	1,201	0	0	1,163
11	2,553	2,466	2,325	0	0	2,135	1,905	0	0	1,644
12	3,774	3,487	3,037	0	0	2,466	1,822	0	0	1,163
13	4,931	4,271	3,288	0	0	2,135	0,986	0	0	0
14	6,004	4,763	3,037	0	0	1,233	−0,257	0	0	−1,163
15	6,974	4,931	2,325	0	0	0	−1,395	0	0	−1,644
16	7,825	4,763	1,258	0	0	−1,233	−1,956	0	0	−1,163
17	8,541	4,271	0	0	0	−2,135	−1,708	0	0	0
18	9,112	3,487	−1,258	0	0	−2,466	−0,755	0	0	1,163
19	9,527	2,466	−2,325	0	0	−2,135	0,511	0	0	1,644
20	9,778	1,276	−3,037	0	0	−1,233	1,565	0	0	1,163
21	9,863	0	−3,288	0	0	0	1,973	0	0	0
20′	9,778	−1,276	−3,037	0	0	1,233	1,565	0	0	−1,163
19′	9,527	−2,466	−2,325	0	0	2,135	0,511	0	0	−1,644
18′	9,112	−3,487	−1,258	0	0	2,466	−0,755	0	0	−1,163
17′	8,541	−4,271	0	0	0	2,135	−1,708	0	0	0
16′	7,825	−4,763	1,258	0	0	1,233	−1,956	0	0	1,163
15′	6,974	−4,931	2,325	0	0	0	−1,395	0	0	1,644
14′	6,004	−4,763	3,037	0	0	−1,233	−0,257	0	0	1,163
13′	4,931	−4,271	3,288	0	0	−2,135	0,986	0	0	0
12′	3,774	−3,487	3,037	0	0	−2,466	1,822	0	0	−1,163
11′	2,553	−2,466	2,325	0	0	−2,135	1,905	0	0	−1,644
10′	1,287	−1,276	1,258	0	0	−1,233	1,201	0	0	−1,163
9′	0	0	0	0	0	0	0	0	0	0
8′	0	0	0	0	0	0	0	0	0	0
7′	0	0	0	0	2,179	0	0	0	2,013	0
6′	0	0	0	0	4,026	0	0	0	2,847	0
5′	0	0	0	0	5,261	0	0	0	2,013	0
4′	0	0	0	0	5,694	0	0	0	0	0
3′	0	0	0	0	5,261	0	0	0	−2,013	0
2′	0	0	0	0	4,026	0	0	0	−2,847	0
1′	0	0	0	0	2,179	0	0	0	−2,013	0
0′	0	0	0	0	0	0	0	0	0	0
λ_i	1799	7196	16190	16190	16190	28780	44980	64770	64770	64770
$\lambda_i + H_g$	13800	19200	28190	28190	28190	40780	56980	76770	76770	76770
b_i	−5,010	0	−0,551	−0,954	−0,954	0	−0,194	0	0	0

steigende Zahlenfolge bilden. Bei gleichen Eigenwerten (in Tafel a z. B. $\lambda_3 = \lambda_4 = \lambda_5 = 16190$) darf die Reihenfolge beliebig gewählt werden.

Nach Herstellung der Tafel a kann so wie im ersten Beispiel eine Tafel der Werte $\sum_0^k \varphi_i(k)$, und zur Berechnung der Querkräfte eine Tafel der Werte $\Delta\,\varphi_i(k)$ angelegt werden. Diese Tafeln wurden jedoch, um Platz zu sparen, nicht abgedruckt.

2. Zahlenwerte für den Hängegurt.

Horizontalzug vom Eigengewicht:

$$H_g = \frac{g\,l_2^2}{8\,f_2} = \frac{20\,.\,480^2}{8\,.\,48} = 12000\,\text{t}.$$

Die Werte $\lambda_i + H_g$ sind in der vorletzten Zeile der Tafel a eingetragen.

Nach Gl. (1) und (2) ist

$$L = 484\left(1 + 8\,\frac{48{,}80^2}{484^2}\right) + 2\,.\,164\left(1 + 8\,\frac{5{,}60^2}{164^2} + \frac{3}{2}\,\frac{55^2}{164^2}\right) + 2\,.\,10\,.\,1{,}414^2 = 949{,}7,$$

$$L_t = 484\left(1 + \frac{16}{3}\,\frac{48{,}80^2}{484^2}\right) + 2\,.\,164\left(1 + \frac{16}{3}\,\frac{5{,}60^2}{164^2} + \frac{55^2}{164^2}\right) + 2\,.\,10\,.\,1{,}414 = 905{,}4,$$

daher

$$\frac{L}{E_k F_k} = \frac{949{,}7}{16{,}5\,.\,10^6\,.\,0{,}4} = 1{,}439\,.\,10^{-4}, \qquad \varepsilon\,t\,L_t = \frac{35\,.\,905{,}4}{80000} = 0{,}3961.$$

3. Ermittlung der ungünstigsten Laststellungen.

In diesem Falle erfolgt die Ermittlung der ungünstigsten Laststellungen nach den gleichen Formeln wie im ersten Beispiel. Die Rechnung verläuft ganz ähnlich und wir begnügen uns daher als Muster mit der Wiedergabe der Ermittlung der ungünstigsten Laststellung für das Moment im Punkt 15.

Die Eigengewichtsknotenlasten sind konstant

$$G = g\,.\,e = 20\,.\,20 = 400\,\text{t}.$$

Die Grundwerte b_i bestimmen wir nach Gl. (6)

$$b_i = -\frac{G}{H_g}\sum_{k=0}^{0'} \varphi_i = -\frac{400}{12000}\sum_{k=0}^{0'} \varphi_i = -\frac{1}{30}\sum_{k=0}^{0'} \varphi_i,$$

sie sind in Tafel a in der letzten Zeile enthalten.

H-Linie nach dem quasilinearen Verfahren. Wir bestimmen

$$-\sum_i \frac{b_i}{\lambda_i + H_g}\,\varphi_i = 10^{-4}\,[3{,}630\,\varphi_1 + 0{,}195\,\varphi_3 + 0{,}338\,(\varphi_4 + \varphi_5) + 0{,}034\,\varphi_7],$$

$$\frac{L}{E_k F_k} + \sum_i \frac{b_i^2}{\lambda_i + H_g} = 1{,}439\,.\,10^{-4} + \frac{5{,}010^2}{13800} + \frac{0{,}551^2 + 2\,.\,0{,}954^2}{28190} + $$
$$+ \frac{0{,}194^2}{56980} = 20{,}387\,.\,10^{-4}.$$

Nach Gl. (7) findet man durch Division des ersten Ausdruckes durch den zweiten die *H*-Linie

$$H(\xi) = 0{,}1781\,\varphi_1(\xi) + 0{,}0096\,\varphi_3(\xi) + 0{,}0166\,\varphi_4(\xi) + 0{,}0166\,\varphi_5(\xi) + 0{,}0017\,\varphi_7(\xi).$$

Beachtet man, daß im Außenfeld 0—8: $\varphi_1 = \varphi_3 = \varphi_5 = \varphi_7 = 0$ ist und daß im Mittelfeld 9—9′: $\varphi_4 = \varphi_5 = 0$ ist, so vereinfacht sich die *H*-Gleichung

im Außenfeld zu: $H(\xi) = 0{,}0166\,\varphi_4(\xi)$,
im Mittelfeld zu: $H(\xi) = 0{,}1781\,\varphi_1(\xi) + 0{,}0096\,\varphi_3(\xi) + 0{,}0017\,\varphi_7(\xi)$.

Die Auswertung dieser Formeln erfolgt in der folgenden Tafel b. Da die H-Linie symmetrisch ist, wurde die Tafel nur bis zur Brückenmitte geführt.

Tafel b. $H(\xi)$-Linie.

$\xi =$	0	1	2	3	4	5	6	7	8
$H(\xi) = 0{,}0166\,\varphi_4$	0	0,036	0,067	0,087	0,095	0,087	0,067	0,036	0
$\sum_0^\xi H(\xi)$	0	0,036	0,103	0,190	0,285	0,372	0,439	0,475	0,475

$\xi =$	9	10	11	12	13	14	15	16	17	18	19	20	21
$0{,}1781\,\varphi_1$	0	0,229	0,455	0,672	0,878	1,069	1,242	1,394	1,521	1,623	1,697	1,741	1,757
$0{,}0096\,\varphi_3$	0	0,012	0,022	0,029	0,032	0,029	0,022	0,012	0	−0,012	−0,022	−0,029	−0,032
$0{,}0017\,\varphi_7$	0	0,002	0,003	0,003	0,002	0	−0,002	−0,003	−0,003	−0,001	0,001	0,003	0,003
$H(\xi)$	0	0,243	0,480	0,704	0,912	1,098	1,262	1,403	1,518	1,610	1,676	1,715	1,728
$\sum_9^\xi H(\xi)$	0	0,243	0,723	1,427	2,339	3,437	4,699	6,102	7,620	9,230	10,906	12,621	14,349

In Tafel b sind in der letzten Zeile auch die Werte $\sum_0^\xi H(\xi)$ und $\sum_9^\xi H(\xi)$ angegeben.

Wir berechnen nach Gl. **(8)** die Änderung des Horizontalzuges infolge Temperaturwechsels

$$H_t = \frac{0{,}3961}{20{,}387 \cdot 10^{-4}} = 194 \text{ t}.$$

Zur Ermittlung der Einflußlinie $M_{15}(\xi)$ benötigt man die Einflußlinie $\eta_{15}(\xi)$. Für diese Einflußlinie gilt Gl. **(9)**

$$\eta_{15}(\xi) = \sum_i d_i(15) \cdot \varphi_i(\xi), \qquad d_i(15) = \frac{'\varphi_i(15) + b_i\, H(15)}{\lambda_i + H_g}.$$

Man entnimmt $\varphi_i(15)$, b_i, $\lambda_i + H_g$ der Tafel a, $H(15) = 1{,}262$ der Tafel b und berechnet in Tafel c $\eta_{15}(\xi)$ für die Punkte 18 und 19.

Tafel c. Berechnung von $\eta_{15}(\xi)$.

$i =$	1	2	3	4	5	6	7	8	9	10
$\varphi_i(15)$	6,974	4,931	2,325	0	0	0	−1,395	0	0	−1,644
$1{,}262\, b_i$	−6,323	0	−0,695	−1,204	−1,204	0	−0,245	0	0	0
$\varphi_i(15) + 1{,}262\, b_i$	0,651	4,931	1,630	−1,204	−1,204	0	−1,640	0	0	−1,644
$\lambda_i + H_g$	13600	19200	28190	28190	28190	40780	56980	76770	76770	76770
$d_i(15) \cdot 10^4$	0,479	2,568	0,578	−0,427	−0,427	0	−0,288	0	0	−0,214
$d_i(15)\, \varphi_i(18) \cdot 10^4$	4,365	8,955	−0,727	0	0	0	0,218	0	0	−0,249
$d_i(15)\, \varphi_i(19) \cdot 10^4$	4,653	6,333	−1,346	0	0	0	−0,147	0	0	−0,352

$$\eta_{15}(18) = (4{,}365 + 8{,}955 - 0{,}727 + 0{,}218 - 0{,}249) \cdot 10^{-4} = 0{,}001256$$
$$\eta_{15}(19) = (4{,}653 + 6{,}333 - 1{,}346 - 0{,}147 - 0{,}352) \cdot 10^{-4} = 0{,}000914$$

Einflußlinie $M_{15}(\xi)$. Aus der Näherungstheorie weiß man, daß bei dieser Brückenart bei Berechnung eines Größtmomentes max $(+M)$ in einem Punkte einer Öffnung die anderen Öffnungen unbelastet bleiben müssen; daß dagegen bei Berechnung des Größtwertes max $(-M)$ alle anderen Öffnungen voll zu belasten sind. Es genügt daher, die Ermittlung der Lage der Lastscheide in jener Öffnung, in welcher der betrachtete Punkt liegt. Bei Berechnung von max $(+M_{15})$ erwarten wir, daß etwa die linke Hälfte der Hauptöffnung belastet sei, und suchen daher die Lastscheide in der Nähe von Punkt 19. Nach Gl. **(11)** folgt

$$M_{15}(\xi) = \mathfrak{M}_{15}(\xi) - y(15)\, H(\xi) - H_g\, \eta_{15}(\xi) = \mathfrak{M}_{15}(\xi) - 36{,}00\, H(\xi) - 12000\, \eta_{15}(\xi).$$

Unter Benützung von Tafel b und c berechnen wir in der folgenden Tafel d die Werte der Einflußlinie M_{15} für die Punkte 18 und 19, zwischen welchen, wie man schließlich erkennt, die Lastscheide liegt.

Tafel d. Einflußlinie $M_{15}(\xi)$.

$\xi =$	18	19
$M_{15}(\xi)$	75,00	70,00
$-36{,}00\,H(\xi)$	$-57{,}96$	$-61{,}09$
$-12000\,\eta_{15}(\xi)$	$-15{,}07$	$-11{,}97$
$M_{15}(\xi)$	$+1{,}97$	$-2{,}06$

max $(+M_{15})$ ergibt sich daher bei Belastung der Knoten 9 bis 18.

4. Genaue Berechnung.

Da auch die genaue Berechnung gegenüber dem ersten Beispiel nichts Neues bringt, begnügen wir uns mit der Vorführung der Berechnung des Größtmomentes im Punkt 15.

max $(+M_{15})$ entsteht bei Belastung der Knoten 9 bis 18 und Temperaturerhöhung um 35^0 C. Die Knotenlasten betragen

$$P = p \, . \, e = 6{,}0 \, . \, 20 = 120 \text{ t}.$$

Die Lastwerte ergeben sich nach Gl. (13)

$$a_i = 120 \sum_{k=9}^{18} \varphi_i(k).$$

$a_1 = 120 \, . \, 51{,}001 = 6120,$ $\quad a_6 = 120 \, . \, 3{,}368 = 404,$

$a_2 = 120 \, . \, 33{,}715 = 4046,$ $\quad a_7 = 120 \, . -0{,}157 = -19,$

$a_3 = 120 \, . \, 15{,}270 = 1832,$ $\quad a_8 = a_9 = 0,$

$a_4 = a_5 = 0,$ $\quad a_{10} = 120 \, . \, 1{,}163 = 140.$

Die Gl. (14) lautet, wenn man beachtet, daß $\lambda_3 = \lambda_4 = \lambda_5 = 28190$ ist,

$$1{,}439 \, . \, 10^{-4} H_p + 0{,}3961 - \frac{(6120 - 5{,}010\,H_p)\,5{,}010}{13800 + H_p} -$$

$$- \frac{(1832 - 0{,}551\,H_p)\,0{,}551 - 2 \, . \, 0{,}954^2\,H_p}{28190 + H_p} - \frac{(-19 - 0{,}194\,H_p)\,0{,}194}{56980 + H_p} = 0.$$

Aus dieser Gleichung bestimmt man, so wie im ersten Beispiel den Wert von H_p, wobei ein beiläufiger Wert aus der quasilinearen Berechnung des Horizontalzuges entnommen werden kann. Man findet

$$H_p = 895 \text{ t}.$$

Aus Gl. (15) folgen die Entwicklungskoeffizienten

$$d_1 = \frac{6120 - 5{,}010 \, . \, 895}{14695} = 0\,1113, \qquad d_6 = \frac{404}{41675} = 0{,}0097,$$

$$d_2 = \frac{4046}{20095} = 0{,}2013, \qquad d_7 = \frac{-19 - 0{,}194 \, . \, 895}{57875} = -0{,}0033,$$

$$d_3 = \frac{1832 - 0{,}551 \, . \, 895}{29085} = 0{,}0460, \qquad d_8 = d_9 = 0,$$

$$d_4 = d_5 = \frac{-0{,}954 \, . \, 895}{29085} = -0{,}0293, \qquad d_{10} = \frac{140}{77670} = 0{,}0018.$$

Schließlich ist nach Gl. (16), bei Benützung von Tafel a

$$\eta(15) = \sum_i d_i\,\varphi_i(15) = 0{,}776 + 0{,}993 + 0{,}107 + 0{,}005 - 0{,}003 = 1{,}878 \text{ m}.$$

Nach Gl. (18) ist

$$M(15) = \mathfrak{M}(15) - y(15)\,H_p - (H_g + H_p)\,\eta(15).$$

Führt man die soeben gefundenen Zahlenwerte, sowie die Werte $\mathfrak{M}(15) = 66000$ tm, $y(15) = 36{,}00$ m ein, so ergibt sich

$$M(15) = 66000 - 36{,}00 \,.\, 895 - (12000 + 895) \,.\, 1{,}878 = \mathbf{10160\ tm}.$$

In Abb. 31 wurde die Maximalmomentenlinie für die linke Brückenhälfte gezeichnet. In dieser Abbildung ist auch die Maximalmomentenlinie, die sich bei der Berechnung nach der

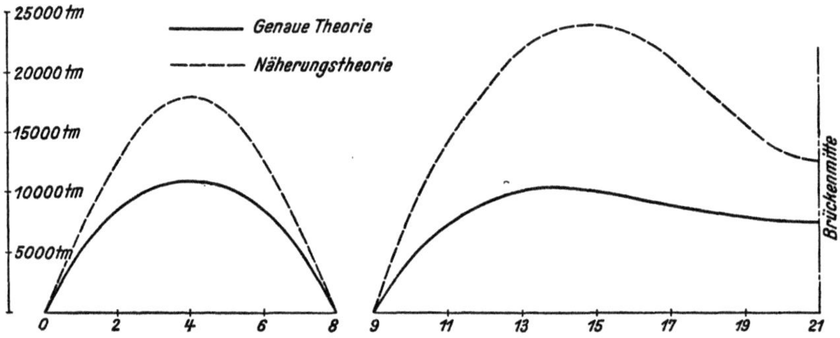

Abb. 31.

Näherungstheorie ergeben hätte, eingetragen. Der Unterschied ist bereits so groß, daß eine Berechnung nach der Näherungstheorie eine bedeutende Materialverschwendung zur Folge hätte.

Da bei dreifeldrigen Brücken die größte Durchbiegung in der Regel in der Nähe des Viertelpunktes der Hauptöffnung auftritt, so wurde, um dem Leser ein Bild von der Steifigkeit der berechneten Brücke zu geben, die größte Durchbiegung im Punkt 15 von Nutzlast und Temperatur berechnet. Es ergab sich

$$\max \eta(15) = \mathbf{2{,}039}\ \text{m} = \frac{l_2}{235}.$$

In der Außenöffnung tritt die größte Durchbiegung in Feldmitte, Punkt 4 ein, es wurde

$$\max \eta(4) = \mathbf{0{,}722}\ \text{m} = \frac{l_1}{212}$$

berechnet.

Viertes Beispiel.

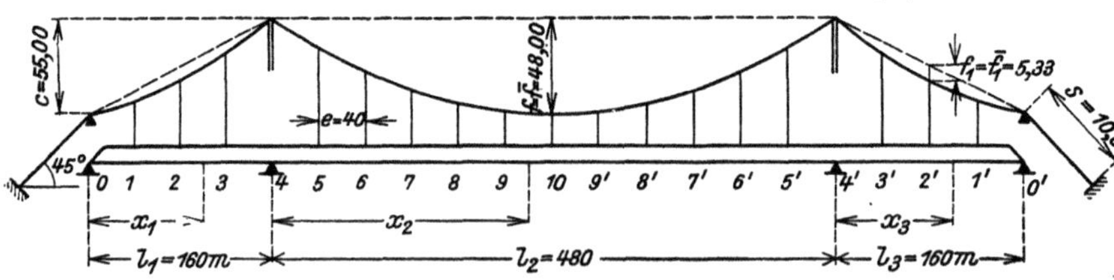

Abb. 32.

Wir betrachten eine dreifeldrige Hängebrücke mit durchlaufendem Versteifungsträger von unveränderlichem Trägheitsmoment $J = J_1 = 2{,}0$ m^4. Die Abmessungen sind in Abb. 32 eingetragen. Das Eigengewicht $g = 20$ t/m, die Nutzlast $p = 6$ t/m je Tragwand, die Kabelfläche $F_k = 0{,}400$ m^2, sowie die Spannweiten und Trägheitsmomente des Versteifungsträgers sind die gleichen wie im dritten Beispiel, so daß ein Vergleich der Ergebnisse den Einfluß des Durchlaufens des Versteifungsträgers zeigt.

Da es sich nur um ein theoretisches Beispiel für die Anwendung des Verfahrens handelt, so wurde, um den Umfang der Rechnung zu verringern, der Abstand der Hängestangen und Querträger $e = 40$ m, also vom Standpunkte einer wirklichen Ausführung aus betrachtet, viel zu groß gewählt. Es wurde aber dadurch erreicht, daß das Beispiel in der Darstellung weniger Raum einnimmt, ohne dadurch seinen Wert als Vorlage für eine praktische Rechnung zu verlieren.

Die für diese Brückentype geltenden Gleichungen sind in Abschnitt **g**, Fall $\mathbf{C}_1$, angeführt.

1. Berechnung der Eigenlösungen.

Nach Gl. (40) berechnet man

$$l_1' = l_1 \frac{J_m}{J_1} = 160 \frac{2{,}00}{2{,}00} = 160, \qquad l_2' = l_2 \frac{J_m}{J_2} = 480 \frac{2{,}00}{2{,}00} = 480,$$

wenn wir das beliebige Trägheitsmoment $J_m = J_{1,2} = 2{,}00$ m^4 setzen.

Wir beschäftigen uns zunächst mit der Bestimmung der symmetrischen Eigenlösungen. Nach Gl. (42) ist

$$\gamma_1 = l_1 \sqrt{\frac{\lambda}{EJ_1}}, \qquad \gamma_2 = l_2 \sqrt{\frac{\lambda}{EJ_2}}.$$

Aus diesen beiden Gleichungen folgt

$$\gamma_2 = \frac{l_2}{l_1} \gamma_1 = \frac{480}{160} \gamma_1 = 3\gamma_1 \quad \text{und} \quad \lambda = \gamma_1^2 \frac{EJ_1}{l_1^2} = \frac{21 \cdot 10^6 \cdot 2{,}0}{160^2} \gamma_1^2 = 1641\, \gamma_1^2. \quad . \quad . \quad . \qquad \text{(a)}$$

Die symmetrischen Eigenwerte sind aus Gl. (41)

$$l_1' c_1 + l_2' (c_2 + s_2) = 160\, c_1 + 480\, (c_2 + s_2) = 0$$

zu ermitteln. Teilt man diese Gleichung durch 480, so verbleibt

$$\Delta = \frac{1}{3} c_1 + c_2 + s_2 = 0. \quad . \quad . \quad . \quad . \quad . \quad . \quad . \quad . \quad . \quad . \quad . \quad . \qquad \text{(b)}$$

Wir haben vorerst keinen Anhaltspunkt dafür, wo die Wurzeln dieser Gleichung zu suchen sind. (Im zweiten Beispiel lag der Fall anders, da aus der Rechnung mit unveränderlichem Trägheitsmoment im ersten Beispiel bereits grobe Näherungswerte für λ bekannt waren.) Aus diesem Grunde ist es zweckmäßig, ein Schaubild der Funktion Δ, deren Nullpunkte gesucht werden, anzulegen. Es genügt hierbei, die Werte von Δ in großen Intervallen überschlägig zu berechnen. Als unabhängige Variable wählen wir γ_1, die Werte von γ_2 und λ folgen dann aus Gl. (a). Wir berechnen zunächst den Wert des Ausdruckes Δ für $\gamma_1 = 0$, 0,5, 1,0, 1,5, 2,0, ...[1])

Für $\gamma_1 = 0{,}5$ findet man z. B. nach Gl. (a) $\gamma_2 = 3\gamma_1 = 1{,}5$ und unter Benützung der Tafel der Funktionen $c_1 = c(\gamma_1)$, $c_2 = c(\gamma_2)$ und $s_2 = s(\gamma_2)$ auf S. 48 ff. findet man

$$\Delta = \frac{1}{3} c_1 + c_2 + s_2 = \frac{1}{3} 0{,}3390 + 0{,}3972 + 0{,}2239 = 0{,}734.$$

Auf diese Weise wurden die Werte von Δ bis $\gamma_1 = 6{,}5$ berechnet und in Abb. 33 aufgetragen. Man erkennt aus den Tafeln der Funktionen $s(\gamma)$ und $c(\gamma)$, daß die Funktion Δ bei $\gamma_1 = \frac{\pi}{3}$ eine Unendlichkeitsstelle hat. Es tritt dort ein Vorzeichenwechsel ein, ohne daß zwischen diesen Punkten eine Nullstelle liegt. Dieselbe Erscheinung zeigt sich bei $\gamma_1 = \pi, \frac{5\pi}{3}, \ldots$. Aus diesem Schaubild entnimmt man, daß die erste Nullstelle von Δ, d. i. die kleinste Wurzel, in der Nähe von $\gamma_1 = 1{,}7$, die nächste bei 4,25 usw. liegen muß.

---

[1]) Da negative Wurzeln γ_1 grundsätzlich nicht vorkommen können, so erstreckt sich das Schaubild nur auf positive Werte von γ_1.

Um den genauen Wert der ersten Wurzel zu finden, setzen wir $\gamma_1 = 1{,}700$ versuchsweise ein und finden

$$\gamma_1 = 1{,}700, \qquad \gamma_2 = 3 \cdot 1{,}700 = 5{,}100,$$

$$\varDelta = \frac{1}{3}\,0{,}42245 + 0{,}11850 - 0{,}25024 = +\,0{,}00908.$$

Da der Wert von $\varDelta$ bereits positiv ist, muß nach Abb. 33 γ_1 kleiner gewählt werden. Wir versuchen

$$\gamma_1 = 1{,}680, \qquad \gamma_2 = 3 \cdot 1{,}680 = 5{,}040,$$

$$\varDelta = \frac{1}{3}\,0{,}41957 + 0{,}10681 - 0{,}24893 = -\,0{,}00226.$$

Die lineare Einschaltung liefert den genauen Wert

$$\gamma_1 = 1{,}684, \qquad \gamma_2 = 3 \cdot 1{,}684 = 5{,}052, \qquad \lambda = 1641 \cdot 1{,}684^2 = 4650\ \text{t}.$$

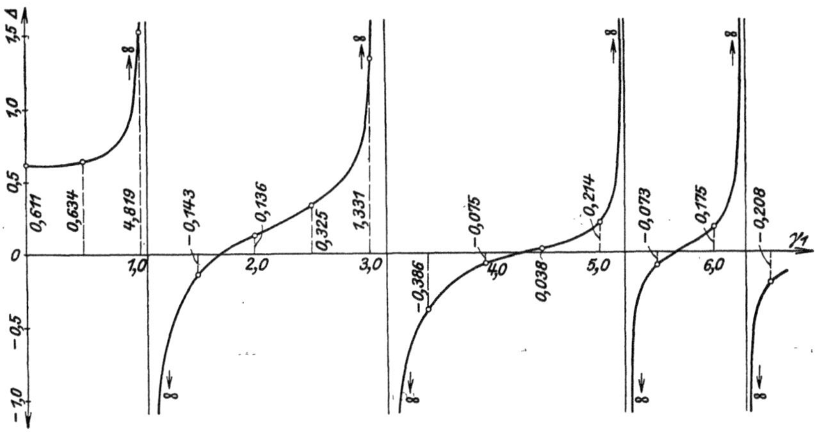

Abb. 33.

In gleicher Weise können die weiteren Wurzelwerte bestimmt werden. Bei der vorliegenden Hängebrücke ist $H_g = 12\,000$ t, siehe S. 77. Für eine endgültige Berechnung hätte man daher alle Eigenwerte λ, die kleiner als $8\,H_g = 100\,000$ t sind, zu bestimmen. Wir wollen uns in diesem Beispiel aber schon mit einer geringeren Genauigkeit, wie sie etwa bei einer Vorberechnung ausreichend ist, begnügen und wollen diese Grenze auf 70000 t herabsetzen.[1]) Gl. (b) liefert in diesem Bereich nur noch zwei Wurzeln:

zweite Wurzel $\gamma_1 = 4{,}31$, $\gamma_2 = 12{,}94$, $\lambda = 30\,500$ t,
dritte Wurzel $\gamma_1 = 5{,}64$, $\gamma_2 = 16{,}92$, $\lambda = 52\,200$ t.

Wir zeigen die Berechnung der Werte $\varphi(x)$ für den niedrigsten oben gefundenen Eigenwert $\lambda = 4650$ t, $\gamma_1 = 1{,}684$, $\gamma_2 = 5{,}052$. Nach Gl. (43) berechnen wir den Hilfswert

$$N^2 = \frac{\gamma_1^2}{l_1 \sin^2 \gamma_1} - \frac{1}{l_1} + \frac{\gamma_2^2}{2\,l_2 \cos^2 \frac{\gamma_2}{2}} = \frac{1{,}684^2}{160 \cdot 0{,}9936^2} - \frac{1}{160} + \frac{5{,}052^2}{2 \cdot 480 \cdot 0{,}8164^2} = 0{,}051593,$$

$$N = 0{,}22714, \qquad \frac{1}{N} = 4{,}4026.$$

---

[1]) Es ergeben sich, siehe Tafel b, insgesamt 8 Eigenwerte $\lambda < 70\,000$ t. Hätte man für eine endgültige Berechnung die Grenze auf 100000 t gesetzt, so sind 10 Eigenlösungen mit $\lambda < 100\,000$ t vorhanden. Die Rechnung nimmt auch in diesem Falle keinen wesentlich größeren Umfang an.

Somit ergibt Gl. (44)

$$0 \leq x_1 \leq l_1: \quad \frac{\mu(x_1)}{\lambda} = \frac{1}{N \sin \gamma_1} \sin \gamma_1 \frac{x_1}{l_1} = 4{,}431 \sin 1{,}684 \frac{x_1}{l_1},$$

$$\varphi(x_1) = \frac{\mu(x_1)}{\lambda} - \frac{1}{N} \frac{x_1}{l_1} = 4{,}431 \sin 1{,}684 \frac{x_1}{l_1} - 4{,}403 \frac{x_1}{l_1}.$$

$$0 \leq x_2 \leq l_2: \quad \frac{\mu(x_2)}{\lambda} = \frac{1}{N \cos \frac{\gamma_2}{2}} \cos \gamma_2 \left(\frac{1}{2} - \frac{x_2}{l_2}\right) = -5{,}393 \cos 5{,}052 \left(\frac{1}{2} - \frac{x_2}{l_2}\right),$$

$$\varphi(x_2) = \frac{\mu(x_2)}{\lambda} - \frac{1}{N} = -5{,}393 \cos 5{,}052 \left(\frac{1}{2} - \frac{x_2}{l_2}\right) - 4{,}403.$$

In Tafel a ist die Ermittlung von $\frac{\mu(k)}{\lambda}$ und $\varphi(k)$ für alle Knotenpunkte $k = 1$ bis 10 dargestellt.

Tafel a. Berechnung von $\frac{\mu(k)}{\lambda}$ und $\varphi(k)$.

k	$\frac{x_1}{l_1}$	$a = 1{,}684 \frac{x_1}{l_1}$	$\sin a$	$\frac{\mu(k)}{\lambda}$	$-4{,}403 \frac{x_1}{l_1}$	$\varphi(k)$
0	0	0	0	0	0	0
1	0,250	0,421	0,4087	1,811	— 1,101	0,710
2	0,500	0,842	0,7460	3,306	— 2,202	1,104
3	0,750	1,263	0,9530	4 223	— 3,302	0,921
4	1,000	1,684	0,9936	4,403	— 4,403	0

k	$\frac{x_2}{l_2}$	$a = 5{,}052 \left(\frac{1}{2} - \frac{x_2}{l_2}\right)$	$\cos a$	$\frac{\mu(k)}{\lambda}$	$-4{,}403$	$\varphi(k)$
4	0	2,526	— 0,8164	4,403	— 4,403	0
5	0,0833	2,105	— 0,5092	2,746	— 4,403	— 1,657
6	0,1667	1,684	— 0,1130	0,609	— 4,403	— 3,794
7	0,2500	1,263	0,3030	— 1,634	— 4,403	— 6,037
8	0,3333	0,842	0,6660	— 3,592	— 4,403	— 7,995
9	0,4167	0,421	0,9127	— 4,922	— 4,403	— 9,325
10	0,5000	0	1,0000	— 5,393	— 4,403	— 9,796

Die soeben ermittelte Eigenfunktion wurde als Eigenfunktion φ_1 bzw. $\frac{\mu_1}{\lambda_1}$ in Tafel b und c, S. 76, eingetragen. Die beiden anderen symmetrischen Eigenlösungen scheinen in denselben Tafeln als φ_5, $\frac{\mu_5}{\lambda_5}$ und φ_7, $\frac{\mu_7}{\lambda_7}$ auf.

Nun wurde an die Ermittlung der antisymmetrischen Eigenwerte geschritten. Nach Gl. (45) folgen diese aus der Bedingung

$$\Delta = \frac{l_1'}{l_2'} c_1 + c_2 - s_2 = 0. \quad \text{(c)}$$

Die Wurzeln dieser Gleichung sind in gleicher Weise aufzusuchen, wie jene der Gl. (b), unter Zuhilfenahme eines Schaubildes. Wir geben hier nur das Ergebnis an. Es bestehen drei Wurzeln $\lambda < 70000$, und zwar:

erste Wurzel $\gamma_1 = 2{,}427$, $\gamma_2 = 7{,}281$, $\lambda = 9660$ t,
zweite Wurzel $\gamma_1 = 3{,}710$, $\gamma_2 = 11{,}129$, $\lambda = 30500$ t,
dritte Wurzel $\gamma_1 = 4{,}96$, $\gamma_2 = 14{,}88$, $\lambda = 40400$ t.

Die Ermittlung der zugehörigen Eigenlösungen $\varphi(x)$ und $\frac{\mu(x)}{\lambda}$ erfolgte gemäß Gl. (47) in der gleichen Weise, wie dies für die symmetrischen Eigenlösungen in Tafel a geschehen ist. Diese Eigenlösungen und ihre Eigenwerte sind in Tafel b und c als φ_2, φ_4 und φ_6 enthalten.

Wir haben noch zu untersuchen, ob außer den bereits ermittelten Lösungen auch Ausnahmslösungen mit $\lambda < 70000$ t auftreten. Gemäß Gl. (48) bilden wir

$$\frac{l_1}{\sqrt{J_1}} : \frac{l_2}{\sqrt{J_2}} : \frac{l_1}{\sqrt{J_1}} = n_1 : n_2 : n_1,$$

$$\frac{160}{\sqrt{2,0}} : \frac{480}{\sqrt{2,0}} : \frac{160}{\sqrt{2,0}} = 1 : 3 : 1.$$

Wir finden also als kleinstes ganzzahliges Wertepaar für dieses Verhältnis: $n_1 = 1$, $n_2 = 3$. Der zugehörige Ausnahmswert λ hat nach Gl. (49) den Wert

$$\lambda = \frac{n_1^2 \pi^2 E J_1}{l_1^2} = \frac{1 \cdot \pi^2 \cdot 21 \cdot 10^6 \cdot 2,00}{160^2} = 16200 \text{ t}.$$

Da dieser Wert λ kleiner als 70000 t ist, so ist er zu berücksichtigen.[1])

Die nächste Ausnahmslösung ergibt sich, wenn wir das gefundene Wertepaar mit 2 multiplizieren

$$n_1 = 2, \qquad n_2 = 6, \qquad \lambda = \frac{2^2 \cdot \pi^2 \cdot 21 \cdot 10^6 \cdot 2,00}{160^2} = 64800 \text{ t}.$$

Auch dieser Wert ist noch zu berücksichtigen, dagegen sind die weiteren Ausnahmslösungen für $n_1 = 3$, $n_2 = 9$, ... usw. schon weit größer als 70000 t und können daher außer Betracht bleiben.

Wir ermitteln nun die Werte der zur Ausnahmswurzel $\lambda = 16200$ gehörenden Eigenlösungen φ und $\frac{\mu}{\lambda}$. Dazu dienen die Gl. (50) und (51) auf S. 19. Es handelt sich im vorliegenden Falle um einen dreiteiligen Träger, dessen Feldlängen in Übereinstimmung mit den Erörterungen auf S. 19 mit l_1, l_2, l_3 zu bezeichnen sind, die zugehörigen Werte von γ sind $\gamma_1 = n_1 \pi$, $\gamma_2 = n_2 \pi$, $\gamma_3 = n_3 \pi$. Infolge der Symmetrieverhältnisse ist $l_1 = l_3 = 160$, $l_2 = 480$, $\gamma_1 = \gamma_3 = n_1 \pi$, $\gamma_2 = n_2 \pi$, so daß sich im Falle $n_1 = 1$, $n_2 = 3$ aus Gl. (50)

$$\gamma_1 = \pi, \qquad \gamma_2 = 3\pi, \qquad \gamma_3 = \pi$$

ergibt. Die Eigenlösung φ folgt aus Gl. (51) in der Form

$0 \leqq x_1 \leqq l_1$: $$\varphi(x_1) = \frac{\mu(x_1)}{\lambda} = \frac{160}{\pi} \sqrt{\frac{2}{160 + 480 + 160}} \sin \pi \frac{x_1}{l_1} = 2,5465 \sin \pi \frac{x_1}{l_1}.$$

$0 \leqq x_2 \leqq l_2$:

$$\varphi(x_2) = \frac{\mu(x_2)}{\lambda} = \frac{480}{3\pi} \sqrt{\frac{2}{160 + 480 + 160}} \sin \left(\pi + 3\pi \frac{x_2}{l_2}\right) = -2,5465 \sin 3\pi \frac{x_2}{l_2}.$$

$0 \leqq x_3 \leqq l_3$:

$$\varphi(x_3) = \frac{\mu(x_3)}{\lambda} = \frac{160}{\pi} \sqrt{\frac{2}{160 + 480 + 160}} \sin \left(\pi + 3\pi + \pi \frac{x_3}{l_3}\right) = 2,5465 \sin \pi \frac{x_3}{l_3}.$$

Dabei ist die Bedeutung von x_1, x_2 und x_3 aus Abb. 32 zu entnehmen. Man erkennt sofort, daß diese Eigenlösung φ symmetrisch ist, sie ist in den Tafeln b und c als φ_3 bzw. $\frac{\mu_3}{\lambda_3}$ enthalten.

Die zweite Ausnahmslösung $\lambda = 64800$ wird in ähnlicher Weise berechnet, wobei es sich zeigt, daß diese Eigenlösung, welche in den Tafeln b und c als φ_8 und $\frac{\mu_8}{\lambda_8}$ aufscheint, antisymmetrisch ist.

---

[1]) In der überwiegenden Mehrzahl der praktisch vorkommenden Fälle wird sich entweder überhaupt keine Ausnahmslösung ergeben, weil das Verhältnis von $\frac{l_1}{\sqrt{J_1}} : \frac{l_2}{\sqrt{J_2}}$ irrational ist, oder es werden die Ausnahmslösungen zu sehr hohen Werten λ gehören, die nicht mehr zu berücksichtigen sind. Das vorliegende Beispiel wurde mit Absicht so ausgesucht, daß Ausnahmslösungen in Betracht kommen, damit ihre Berechnung gezeigt werden kann.

Tafel b. Eigenlösungen $\varphi_i(k)$.

k	$\varphi_1(k)$	$\varphi_2(k)$	$\varphi_3(k)$	$\varphi_4(k)$	$\varphi_5(k)$	$\varphi_6(k)$	$\varphi_7(k)$	$\varphi_8(k)$
0	0	0	0	0	0	0	0	0
1	0,710	1,109	1,801	— 2,214	— 2,163	— 1,769	— 1,626	1,273
2	1,104	1,662	2,547	— 2,912	— 2,518	— 1,788	— 0,881	0
3	0,921	1,305	1,801	— 1,788	— 1,163	— 0,294	0,622	— 1,273
4	0	0	0	0	0	0	0	0
5	— 1,657	— 1,882	— 1,801	0,870	— 0,556	— 1,458	— 1,942	1,273
6	— 3,794	— 3,625	— 2,547	0,193	— 2,501	— 2,722	— 2,012	0
7	— 6,037	— 4,496	— 1,801	— 1,318	— 3,608	— 1,730	— 0,160	— 1,273
8	— 7,995	— 4,080	0	— 2,285	— 2,801	0,532	0,570	0
9	— 9,325	— 2,185	1,801	— 1,763	— 0,956	1,366	— 1,099	1,273
10	— 9,796	0	2,547	0	0,032	0	— 2,363	0
λ_i	4650	9660	16200	22600	30500	40400	52200	64800
$\lambda_i + H_g$	16650	21660	28200	34600	42500	52400	64200	76800
b_i	4,130	0	— 0,410	0	2,167	0	1,028	0

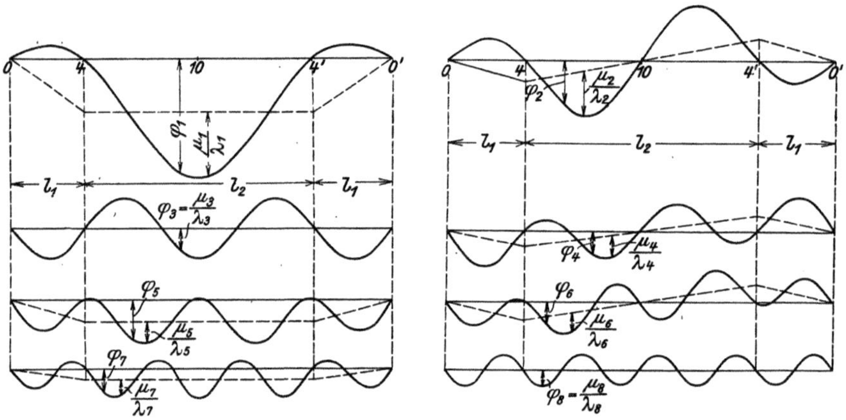

Abb. 34.

Tafel c. Momentenlinien $\frac{\mu_i(k)}{\lambda_i}$.

k	$\frac{\mu_1(k)}{\lambda_1}$	$\frac{\mu_2(k)}{\lambda_2}$	$\frac{\mu_3(k)}{\lambda_3}$	$\frac{\mu_4(k)}{\lambda_4}$	$\frac{\mu_5(k)}{\lambda_5}$	$\frac{\mu_6(k)}{\lambda_6}$	$\frac{\mu_7(k)}{\lambda_7}$	$\frac{\mu_8(k)}{\lambda_8}$
0	0	0	0	0	0	0	0	0
1	1,811	1,533	1,801	— 1,895	— 1,715	— 1,375	— 1,411	1,273
2	3,306	2,551	2,547	— 2,274	— 1,622	— 0,999	— 0,452	0
3	4,223	2,639	1,801	— 0,832	0,181	0,889	1,266	— 1,273
4	4,403	1,779	0	1,275	1,792	1,577	0,858	0
5	2,746	— 0,399	— 1,801	1,933	1,146	— 0,143	— 1,084	1,273
6	0,609	— 2,439	— 2,547	1,043	— 0,709	— 1,670	— 1,204	0
7	— 1,634	— 3,607	— 1,801	— 0,680	— 1,816	— 0,941	0,698	— 1,273
8	— 3,592	— 3,487	0	— 1,860	— 1,009	1,058	1,428	0
9	— 4,922	— 1,888	1,801	— 1,550	0,836	1,629	— 0,241	1,273
10	— 5,393	0	2,547	0	1,824	0	— 1,505	0

Damit ist die Ermittlung der Eigenlösungen abgeschlossen. Die Bezifferung der Eigenwerte und Eigenlösungen erfolgte so, daß $\lambda_1 < \lambda_2 < \lambda_3 < \ldots$ ist. In Abb. 34 wurden die gesamten Eigenlösungen φ_i auch zeichnerisch dargestellt. Die gleiche Abb. enthält auch die Werte $\frac{\mu_i}{\lambda_i}$. Für die weitere Rechnung ist (so wie es im ersten Beispiel gezeigt wurde) eine Tafel der Summengrößen $\sum_{0}^{k} \varphi_i(k)$ und zur Berechnung der Querkräfte eine Tafel der Werte $\frac{\Delta \mu_i}{e\, \lambda_i}$ anzulegen; diese Tafeln wurden jedoch nicht abgedruckt.

2. Ermittlung von Zahlenwerten für Versteifungsträger und Hängegurte.

Einflußlinie des Stützmomentes des Versteifungsträgers ohne Kette. Die Ermittlung von Momenten $\mathfrak{M}$ und Querkräften $\mathfrak{Q}$ im zweifach statisch unbestimmten Versteifungsträger ohne Kette geht einfach vor sich, wenn man die Einflußlinie der Stützenmomente $\mathfrak{M}_4$ bzw. $\mathfrak{M}_4'$ kennt. Die Einflußlinie $\mathfrak{M}_4(\xi)$ wurde für alle Punkte $\xi = 0$ bis $0'$ berechnet und in der folgenden Tafel d zusammengestellt. In der letzten Zeile dieser Tafel sind auch die Summen der Einflußlinienordinaten angegeben.

Tafel d. Einflußlinie des Stützenmomentes $\mathfrak{M}_4$.

$\xi =$	0	1	2	3	4	5	6	7	8	9	10
$\mathfrak{M}_4(\xi)$	0	—5,45	—8,73	—7,64	0	—24,13	—40,60	—50,31	—54,31	—53,55	—49,09
$-\sum_{0}^{\xi}\mathfrak{M}_4$	0	5,45	14,18	21,82	21,82	45,95	86,55	136,86	191,17	244,72	293,81

$\xi =$	9'	8'	7'	6'	5'	4'	3'	2'	1'	0'
$\mathfrak{M}_4(\xi)$	—41,89	—32,97	—23,32	—13,93	—5,84	0	2,86	3,27	2,05	0
$-\sum_{0}^{\xi}\mathfrak{M}_4$	335,70	368,67	391,99	405,92	411,76	411,76	408,90	405,63	403,58	403,58

Die Einflußlinie von $\mathfrak{M}_4'$ ist das Spiegelbild der $\mathfrak{M}_4$-Linie.

Knotenlasten vom Eigengewicht:

$$G = g \,.\, e = 20 \,.\, 40 = 800 \text{ t}.$$

Horizontalzug vom Eigengewicht:

$$H_g = \frac{g\, l_2^2}{8\, f_2} = \frac{20 \,.\, 480^2}{8 \,.\, 48} = 12000 \text{ t}.$$

Reduzierter Durchhang $\overline{y}$. Der reduzierte Durchhang $\overline{y}(k)$ ist die Momentenlinie, welche von den Knotenlasten

$$\frac{G}{H_g} = \frac{800}{12000} = 0{,}06667 \text{ t}$$

im Versteifungsträger ohne Kette hervorgerufen wird. Siehe die Fußnote auf S. 40. In der folgenden Tafel e ist in der ersten Zeile das Moment $\mathfrak{M}_B$ eingetragen, welches diese Lasten im Versteifungsträger hervorrufen, der durch Zerschneiden über den Stützen statisch bestimmt gemacht ist. Die zweite Zeile enthält das infolge der Durchlaufwirkung hinzutretende Moment m. Zur Berechnung dieses Momentes m werden die Stützenmomente $\sum_{0}^{0'} \mathfrak{M}_4$ und $\sum_{0}^{0'} \mathfrak{M}_4'$ für Belastung mit den Knotenlasten 0,06667 t von 0 bis 0' aus Tafel d entnommen,

$$m(4) = m(4') = 0{,}06667 \sum_{0}^{0'} \mathfrak{M}_4 = -0{,}06667 \,.\, 403{,}58 = -26{,}90.$$

Da die $\overline{y}$-Linie symmetrisch ist, wird die Tafel e nur bis zur Brückenmitte geführt.

Tafel e. Reduzierter Durchgang $\bar{y}(k)$.

$k=$	0	1	2	3	4	5	6	7	8	9	10
$\mathfrak{M}_B(k)$	0	4,00	5,33	4,00	0	14,67	26,67	36,00	42,67	46,67	48,00
$m(k)$	0	−6,73	−13,45	−20,18	−26,90	−26,90	−26,90	−26,90	−26,90	−26,90	−26,90
$\bar{y}(k)$	0	−2,73	− 8,12	−16,18	−26,90	−12,23	− 0,23	9,10	15,77	19,77	21,10

Berechnung von L und L_t. Aus den in Abb. 32 angegebenen Abmessungen des Hängegurtes folgt nach Gl. (1)

$$L = 480\left(1 + 8\,\frac{48^2}{480^2}\right) + 2\,.\,160\left(1 + 8\,\frac{5{,}33^2}{160^2} + \frac{3}{2}\,\frac{55^2}{160^2}\right) + 2\,.\,10\,.\,2 = 937{,}96$$

und nach Gl. (2)

$$L_t = 480\left(1 + \frac{16}{3}\,\frac{48^2}{480^2}\right) + 2\,.\,160\left(1 + \frac{16}{3}\,\frac{5{,}33^2}{160^2} + \frac{55^2}{160^2}\right) + 2\,.\,10\,.\,1{,}414 = 893{,}59.$$

Daher ist

$$\frac{L}{E_k F_k} = \frac{937{,}96}{16{,}5\,.\,10^6\,.\,0{,}4} = 1{,}421\,.\,10^{-4}, \qquad \varepsilon\, t\, L_t = \frac{35\,.\,893{,}59}{80000} = 0{,}3909.$$

3. Ermittlung der ungünstigsten Laststellungen.

Bestimmung der Grundwerte b_i. Nach Gl. (50) ist

$$b_i = -\frac{G}{H_g}\sum_{k=0}^{0'}\varphi_i(k) = -0{,}06667\sum_{k=0}^{0'}\varphi_i(k).$$

Die Grundwerte b_i sind in Tafel b in der letzten Zeile eingetragen worden.

Quasilineare H-Einflußlinie. Gemäß Gl. (51) berechnen wir mit Benützung der Tafel b

$$\sum_i \frac{b_i}{\lambda_i + H_g}\,\varphi_i = 10^{-4}\,[2{,}480\,\varphi_1 - 0{,}145\,\varphi_3 + 0{,}510\,\varphi_5 + 0{,}160\,\varphi_7],$$

$$\frac{L}{E_k F_k} + \sum_i \frac{b_i^2}{\lambda_i + H_g} = 12{,}99\,.\,10^{-4}.$$

Daher ist

$$H(\xi) = -0{,}1909\,\varphi_1(\xi) + 0{,}0112\,\varphi_3(\xi) - 0{,}0393\,\varphi_5(\xi) - 0{,}0123\,\varphi_7(\xi). \quad . \quad . \quad \text{(d)}$$

Da die H-Linie symmetrisch ist, erfolgte die Auswertung in Tafel f nur für eine Brückenhälfte.

Tafel f. Einflußlinie $H(\xi)$.

$\xi=$	0	1	2	3	4	5	6	7	8	9	10
$-0{,}1909\,\varphi_1$	0	−0,136	−0,211	−0,176	0	0,316	0,724	1,152	1,526	1,780	1,870
$0{,}0112\,\varphi_3$	0	0,020	0,029	0,020	0	−0,020	−0,029	−0,020	0	0,020	0,029
$-0{,}0393\,\varphi_5$	0	0,085	0,099	0,046	0	0,022	0,098	0,142	0,110	0,038	− 0,001
$-0{,}0123\,\varphi_7$	0	0,020	0,010	−0,008	0	0,024	0,025	0,002	−0,007	0,014	0,029
$H(\xi)$	0	−0,011	−0,073	−0,118	0	0,342	0,818	1,276	1,629	1,852	1,927
$\sum_0^\xi H$	0	−0,011	−0,084	−0,202	−0,202	0,140	0,958	2,234	3,863	5,715	7,642

Aus Gl. (52) folgt der Einfluß der Temperaturänderung auf den Horizontalzug

$$H_t = \frac{\mp\,\varepsilon\, t\, L_t}{\dfrac{L}{E_k F_k} + \sum_i \dfrac{b_i^2}{\lambda_i + H_g}} = \frac{\mp\,0{,}3909}{12{,}99\,.\,10^{-4}} = \mp\,301\ \text{t}.$$

Ermittlung der ungünstigsten Laststellungen für die Durchbiegungen. Für die quasilinearen Einflußlinien der Durchbiegungen gilt Gl. (53).

$$\eta_k(\xi) = \sum_i d_i(k)\,\varphi_i(\xi), \qquad d_i(k) = \frac{\varphi_i(k) + b_i\,H(k)}{\lambda_i + H_g} \quad \ldots\ldots \quad (e)$$

Diese Gleichungen unterscheiden sich nicht von den im ersten Beispiel verwendeten Gleichungen für die Einflußlinien von $\eta_k(\xi)$. Daher erfolgt die Ermittlung der ungünstigsten Laststellungen für Durchbiegungen η (oder auch für Neigungen ψ) in der gleichen Weise in tabellarischer Form, wie im ersten Beispiel, wobei die Tafeln b und f Anwendung finden. Es erscheint daher nicht notwendig, diese Rechnung nochmals vorzuführen.

Berechnung der ungünstigsten Laststellung für Momente. Zur Bestimmung der quasilinearen Einflußlinie der Momente dienen die Gl. (55), (56) und (57).

Gemäß Gl. (55) berechnen wir die Hilfsfunktion

$$\overline{H}(k) = -0{,}1909\,\frac{\mu_1}{\lambda_1} + 0{,}0112\,\frac{\mu_3}{\lambda_3} - 0{,}0393\,\frac{\mu_5}{\lambda_5} - 0{,}0123\,\frac{\mu_7}{\lambda_7} \quad \ldots\ldots \quad (f)$$

Die Zahlenbeiwerte von $\frac{\mu_i}{\lambda_i}$ sind die gleichen wie die Beiwerte von φ_i in Gl. (d) für $H(\xi)$. Da die Hilfsfunktion $\overline{H}(k)$ symmetrisch ist, so wurde die Tafel g für $\overline{H}(k)$ nur bis zur Brückenmitte geführt.

Tafel g. Hilfsfunktion $\overline{H}(k)$.

k	0	1	2	3	4	5	6	7	8	9	10
$-0{,}1909\,\frac{\mu_1}{\lambda_1}$	0	−0,346	−0,631	−0,806	−0,841	−0,524	−0,116	0,312	0,686	0,940	1,030
$0{,}0112\,\frac{\mu_3}{\lambda_3}$	0	0,020	0,029	0,020	0	−0,020	−0,029	−0,020	0	0,020	0,029
$-0{,}0393\,\frac{\mu_5}{\lambda_5}$	0	0,067	0,064	−0,007	−0,070	−0,045	0,028	0,072	0,040	−0,033	−0,072
$-0{,}0123\,\frac{\mu_7}{\lambda_7}$	0	0,017	0,006	−0,016	−0,011	0,013	0,015	−0,009	−0,017	0,003	0,019
$\overline{H}(k)$	0	−0,242	−0,532	−0,809	−0,922	−0,576	−0,102	0,355	0,709	0,930	1,006

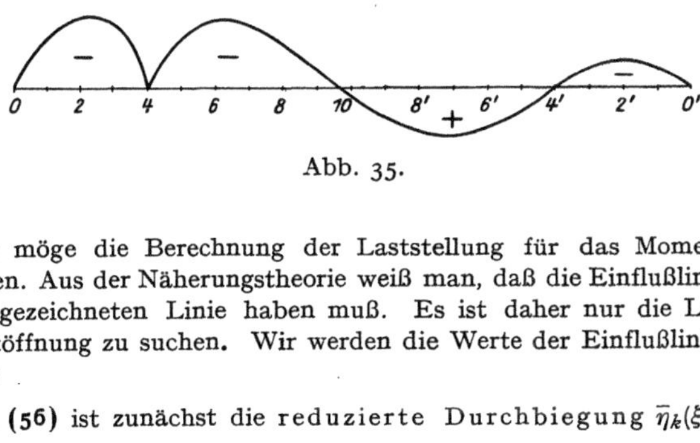

Abb. 35.

Als Muster möge die Berechnung der Laststellung für das Moment im Punkte 4 vorgeführt werden. Aus der Näherungstheorie weiß man, daß die Einflußlinie den Charakter der in Abb. 35 gezeichneten Linie haben muß. Es ist daher nur die Lastscheide in der Mitte der Hauptöffnung zu suchen. Wir werden die Werte der Einflußlinie für Punkt 7, 8 und 9 errechnen.

Gemäß Gl. (56) ist zunächst die reduzierte Durchbiegung $\overline{\eta}_k(\xi)$

$$\overline{\eta}_k(\xi) = \sum_i \overline{d}_i(k)\,\varphi_i(\xi), \qquad \overline{d}_i(k) = \frac{\frac{\mu_i(k)}{\lambda_i} + b_i\,\overline{H}(k)}{\lambda_i + H_g} \quad \ldots\ldots \quad (g)$$

zu berechnen. Man entnimmt b_i und $\lambda_i + H_g$ aus Tafel b, $\frac{\mu_i(k)}{\lambda_i}$ aus Tafel c, $\overline{H}(k)$ aus Tafel g. Der Rechnungsgang ist aus Tafel h ersichtlich.

Tafel h. Reduzierte Durchbiegung $\overline{\eta}_4(\xi)$.

$i=$	1	2	3	4	5	6	7	8	
$\frac{\mu_i(4)}{\lambda_i}$	4,403	1,779	0	1,275	1,792	1,577	0,858	0	
$b_i\,\overline{H}(4)$	−3,808	0	0,378	0	−1,998	0	−0,948	0	
$\frac{\mu_i(4)}{\lambda_i} + b_i\,\overline{H}(4)$	0,595	1,779	0,378	1,275	−0,206	1,577	−0,090	0	
$\lambda_i + H_g$	16650	21660	28200	34600	42500	52400	64200	76800	
$\overline{d}_i(4) \cdot 10^4$	0,357	0,822	0,134	0,368	−0,048	0,301	−0,014	0	
$\overline{d}_i(4) \cdot \varphi_i(7) \cdot 10^4$	−2,16	−3,70	−0,24	−0,49	0,02	−0,05	0,00	0	$\overline{\eta}_4(7) = -0{,}000691$
$\overline{d}_i(4) \cdot \varphi_i(8) \cdot 10^4$	−2,86	−3,36	0	−0,84	0,01	0,02	−0,01	0	$\overline{\eta}_4(8) = -0{,}000684$
$\overline{d}_i(4) \cdot \varphi_i(9) \cdot 10^4$	−3,33	−1,80	0,24	−0,65	0,00	0,04	0,02	0	$\overline{\eta}_4(9) = -0{,}000493$

Zur Berechnung der Momenteneinflußlinie dient Gl. **(57)**

$$M_4(\xi) = \mathfrak{M}_4(\xi) - \overline{y}(4)\,H(\xi) - H_g\,\overline{\eta}_4(\xi) = \mathfrak{M}_4(\xi) + 26{,}90\,H(\xi) - 12000\,\overline{\eta}_4(\xi). \quad . \; . \; . \qquad \text{(h)}$$

$\overline{y}(4)$ ist aus Tafel e entnommen worden. Die Einflußordinaten sind in der folgenden Tafel i errechnet. $\mathfrak{M}_4(\xi)$ folgt aus Tafel d, $H(\xi)$ aus Tafel f.

Tafel i. Einflußlinie $M_4(\xi)$.

$\xi=$	7	8	9
$\mathfrak{M}_4(\xi)$	−50,31	−54,31	−53,55
$26{,}90\,H(\xi)$	34,32	43,82	49,82
$-12000 \cdot \overline{\eta}_4(\xi)$	8,30	8,21	5,92
$M_4(\xi)$	−7,69	−2,28	+2,19

Um das Stützenmoment max $+M(4)$ zu erhalten, sind die Knoten 9 bis 5′, um max $-M(4)$ zu erhalten, sind die Knoten 1 bis 8 und 3′ bis 1′ zu belasten.

4. Genaue Berechnung.

Durchbiegungen η und Neigungen ψ. Die zur Berechnung dieser Größen dienenden Gl. **(59)** bis **(63)** unterscheiden sich nicht von den im ersten Beispiel zur Berechnung von η bzw. ψ verwendeten Gleichungen. Wir führen daher diese Berechnung nicht nochmals vor.

Es wurden die größten Durchbiegungen von Nutzlast und Temperaturänderung in der Mitte des Außenfeldes, Punkt 2, sowie im Viertelpunkt der Hauptöffnung, Punkt 7, bestimmt.

$$\max \eta(2) = 0{,}547 \text{ m} = \frac{l_1}{292}, \qquad \max \eta(7) = 1{,}764 \text{ m} = \frac{l_2}{272}.$$

Vergleicht man diese Durchbiegungen mit den im dritten Beispiel für die nicht durchlaufende Brücke gefundenen Durchbiegungen an den gleichen Stellen $\eta = 0{,}722$ m bzw. $\eta = 2{,}039$ m, so ist festzustellen, daß bei gleichem Trägheitsmoment die Brücke mit kontinuierlichem Versteifungsträger im Außenfeld um rund 29%, im Mittelfeld um 16% geringere Durchbiegungen aufweist.

Berechnung der Momente. Wir haben oben die Ermittlung der ungünstigsten Laststellung für $M(4)$ gezeigt und wollen jetzt als Fortsetzung die genaue Berechnung des Größtmomentes max $-M(4)$ durchführen.

Nach dem unter 3. erhaltenen Ergebnis sind die Knoten 1 bis 8 und 3′ bis 1′ zu belasten, außerdem ist Temperaturerhöhung um 35° C anzunehmen.[1]) Die Knotenlast P beträgt

$$P = p \cdot e = 6 \cdot 40 = 240 \text{ t}.$$

Die Lastwerte errechnen sich aus Tafel b (bzw. aus der zugehörigen, aber nicht abgedruckten Tafel der Summen $\sum_0^k \varphi_i(k)$, gemäß Gl. **(59)**

$$a_i = P\left[\sum_1^8 \varphi_i(k) + \sum_{3'}^{1'} \varphi_i(k)\right],$$

[1]) Man kann immer die gleiche Kombination der ungünstigsten Laststellung mit Temperaturerhöhung oder -erniedrigung als maßgebend ansehen wie in der Näherungstheorie.

$a_1 = -3362, \quad a_3 = 1476, \quad a_5 = -5076, \quad a_7 = -1754,$
$a_2 = -3379, \quad a_4 = -610, \quad a_6 = -1291, \quad a_8 = 0.$

Zur Bestimmung von H_p dient Gl. (60):

$$1{,}421 \cdot 10^{-4} H_p + 0{,}3909 + \frac{(-3362 + 4{,}130\, H_p)\, 4{,}130}{16650 + H_p} - \frac{(1476 - 0{,}410\, H_p)\, 0{,}410}{28200 + H_p} + $$
$$+ \frac{(-5076 + 2{,}167\, H_p)\, 2{,}167}{42500 + H_p} + \frac{(-1754 + 1{,}028\, H_p)\, 1{,}028}{64200 + H_p} = 0.$$

Die Auflösung nach H_p erfolgt in der gleichen Weise, wie dies im ersten Beispiel gezeigt wurde; man entnimmt also einen Näherungswert von H_p aus der quasilinearen H-Linie (Tafel f) und löst die H_p-Gleichung durch Probieren auf. Es ergibt sich

$$H_p = 569 \text{ t}.$$

Gemäß Gl. (61) ergeben sich jetzt die Entwicklungskoeffizienten

$$d_1 = \frac{-3362 + 4{,}130 \cdot 569}{17220} = -0{,}0588, \qquad d_5 = \frac{-5076 + 2{,}167 \cdot 569}{43070} = -0{,}0892,$$
$$d_2 = \frac{-3379}{22230} = -0{,}1520, \qquad d_6 = \frac{-1291}{52970} = -0{,}0244,$$
$$d_3 = \frac{1476 - 0{,}410 \cdot 569}{28770} = 0{,}0432, \qquad d_7 = \frac{-1754 + 1{,}028 \cdot 569}{64770} = -0{,}0180,$$
$$d_4 = \frac{-610}{35170} = -0{,}0173, \qquad d_8 = 0.$$

Nach Gl. (64) berechnet man die reduzierte Durchbiegung $\bar{\eta}(4)$, wobei $\frac{\mu_i(4)}{\lambda_i}$ aus Tafel c zu entnehmen ist. Man findet

$$\bar{\eta}(4) = \sum_i d_i \frac{\mu_i(4)}{\lambda_i} = -0{,}764 \text{ m}.$$

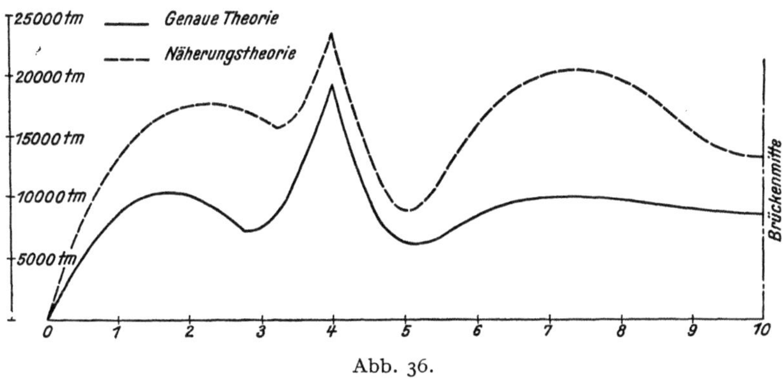

Abb. 36.

Tafel d liefert das Moment $\mathfrak{M}(4)$, welches die Belastung im Versteifungsträger ohne Kette hervorruft,

$$\mathfrak{M}(4) = 240\,(-191{,}17 - 403{,}58 + 411{,}76) = -43\,920 \text{ tm}.$$

Gemäß Gl. (65) ist

$$M(4) = \mathfrak{M}(4) - \bar{y}(4)\, H_p - (H_g + H_p)\, \bar{\eta}(4).$$

Wir entnehmen den Wert $\bar{y}(4) = -26{,}90$ der Tafel c und erhalten schließlich

$$\max - M(4) = -43\,920 + 26{,}90 \cdot 569 + (12\,000 + 569) \cdot 0{,}764 = -\mathbf{19\,010\ tm}.$$

In Abb. 36 ist die Maximalmomentenlinie für die linke Brückenhälfte gezeichnet. Diese Abbildung enthält auch die Maximalmomentenlinie nach der Näherungstheorie. Der

Vergleich der beiden Linien zeigt, daß die Berechnung nach der genaueren Theorie auch bei Hängebrücken mit durchlaufendem Versteifungsträger notwendig ist.

Aus der Maximalmomentenlinie, Abb. 36, erkennt man, daß der Versteifungsträger an der Stütze in diesem Falle nahezu ein doppelt so großes Moment aufzunehmen hat wie in den Feldern. Man wird daher den Versteifungsträger an der Stütze erheblich stärker ausbilden als in Feldmitte. Es ist anzunehmen, daß die ungleichmäßige Verteilung der Trägheitsmomente von erheblichem Einfluß auf die Größe der Momente im Versteifungsträger sein wird. Aus diesem Grunde wurden für eine genauere Berechnung in Abschnitt g als Fall $\mathbf{C}_2$ die Formeln für den an den Stützen verstärkten Versteifungsträger aufgenommen.

Es sei zum Schlusse nochmals darauf hingewiesen, daß die Anzahl der in diesem Beispiel verwendeten Eigenlösungen für eine endgültige Berechnung zu gering ist. Um zu einer Abschätzung für die erreichte Annäherung zu gelangen, wurde noch eine weitere Eigenlösung φ_9 bestimmt. Berücksichtigt man auch diese Eigenlösung bei der Ermittlung von $\max - M_4$, so zeigt sich, daß sowohl der Momentenwert $M(4)$ als auch die Zwischenergebnisse H_p und $\overline{\eta}_4$ nur um weniger als $^1/_2\,\%$ verbessert wurden. Man kann daraus schließen, daß die mit 8 Eigenlösungen errechnete Maximalmomentenlinie, die in Abb. 36 dargestellt ist, schon ziemlich genau ist, und daß eine Berechnung mit 10 Eigenlösungen, entsprechend der auf S. 24 angegebenen Regel, eine auch für einen Ausführungsentwurf ausreichende Genauigkeit besitzen wird.

Zweiter Teil.

Ergänzende Erörterungen über besondere Fragen der Statik der Hängebrücken.

a) Hängebrücken mit eingespannten Türmen.

Werden die Türme oder Portale von Hängebrücken nicht gelenkig gelagert, sondern am Fuße eingespannt, so wird die Montage vereinfacht, da die Türme dann für sich allein standfest sind. Wenn in einem solchen Falle die Kette oder das Kabel am Pylonenscheitel unverschieblich gelagert ist, so erhält der Turm einen Anteil des Horizontalzuges. Mit diesem Falle wollen wir uns in diesem Abschnitt beschäftigen, wobei wir annehmen wollen, daß die Türme vom Eigengewicht der Brücke keine Seitenkräfte erfahren.

1. Berechnung der Verschiebung der Turmspitze unter der Last $\Delta H = 1$.

Es ist zunächst die Kenntnis der Verschiebung notwendig, welche die Turmspitze infolge einer Horizontalkraft ΔH in der Tragwerksebene erfährt. Da diese Verschiebung der Kraft ΔH proportional ist, so genügt es, die Verschiebung δ zu berechnen, welche die Kraft $\Delta H = 1$ hervorruft. Hierbei ist zu beachten, daß der Angriffspunkt der lotrechten Auflagerkraft V des Hängegurtes diese Verschiebung mitmacht. Daher entstehen bei Verbiegung des Turmes durch die Kraft $\Delta H = 1$ auch Momente von der lotrechten Last V, welche die Durchbiegung δ vergrößern.

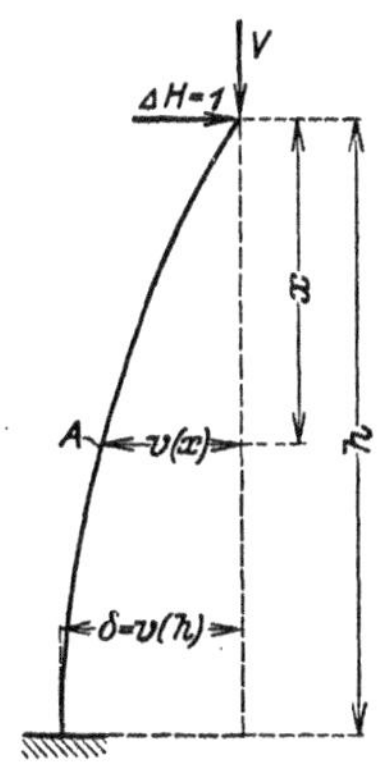

Abb. 37.

Bezeichnet man, wie in Abb. 37 angegeben, die relative Verschiebung zwischen dem Angriffspunkt der Last und einem um die Strecke x tiefer gelegenen Punkte A mit $v(x)$, so ist das Biegemoment im Punkte A

$$M(x) = 1 \cdot x + V \cdot v(x).$$

Das Trägheitsmoment des Turmes für die in Frage kommende Biegeachse sei veränderlich, im Punkte A habe es den Wert $I(x)$. Dann gilt für die Verbiegung $v(x)$ die Differentialgleichung

$$E\,I(x)\,v''(x) = -M(x)$$

oder

$$E\,I(x)\,v''(x) = -x - V \cdot v(x). \quad (77)$$

In dieser Differentialgleichung ist $I(x)$ beliebig veränderlich. Man kann daher die Differentialgleichung nicht streng lösen. Am raschesten gelangt man durch folgendes Iterationsverfahren zum Ziele:

Man nimmt eine willkürliche geschätzte Biegelinie $v_1(x)$ an, setzt $v_1(x)$ in die rechte Seite der Gl. (77) ein und erhält für die zweite Näherung $v_2(x)$

$$v_2''(x) = -\frac{x + V \cdot v_1(x)}{E I(x)}.$$

Diese Gleichung besagt, daß $v_2(x)$ die Seillinie zu der Belastung

$$\frac{x + V \cdot v_1(x)}{E I(x)}$$

ist. Man ersetzt daher diese verteilte Belastung durch eine genügend große Anzahl von Einzellasten und kann rechnerisch oder zeichnerisch $v_2(x)$ sehr einfach bestimmen, wobei auf die Randbedingungen

$$v(0) = 0, \qquad v'(h) = 0$$

Bedacht zu nehmen ist.

In gleicher Weise wird die nächste Näherung $v_3(x)$ aus $v_2(x)$ bestimmt. Das Verfahren liefert bereits nach wenigen Schritten ein sehr genaues Ergebnis.

Der Einfluß der lotrechten Last V vergrößert die Durchbiegung $\delta = v(h)$ in der Regel um etwa 10—30%. Die Reaktion V des Hängegurtes ist aber von der Größe und Stellung der Belastung abhängig und daher nicht unveränderlich, was wir bisher stillschweigend vorausgesetzt haben. Der Einfluß der Veränderlichkeit ist jedoch nicht sehr groß, so daß es praktisch ausreichend ist, mit einem konstanten Mittelwert von V zu rechnen.

Die auf die angegebene Art berechnete Durchbiegung δ der Turmspitze dient dann zur Berechnung der Kraft ΔH, siehe unter 2. und 3., welche den Turm beansprucht. Die für die Bemessung des Turmes maßgebenden Biegungsmomente, die infolge der festen Lagerung des Hängegurtes entstehen, ergeben sich bei Benützung der soeben gefundenen Biegelinie $v(x)$, welche von $\Delta H = 1$ herrührt, zu

$$M(x) = \Delta H \cdot x + V \cdot \Delta H \cdot v(x) \qquad (78)$$

2. Einfeldrige Hängebrücken.

Bei einfeldrigen Hängebrücken kann der Einfluß der Einspannung der Türme auf Durchbiegungen und Momente usw. des Versteifungsträgers ohne Schwierigkeiten strenge berücksichtigt werden. Es ist bloß notwendig, bei der Durchführung der Rechnung nach der im ersten Teil dargelegten Methode die in der Grundgleichung zur Bestimmung von H_p auftretenden Größen L und L_t in etwas anderer Weise zu definieren. Die nachfolgend angegebenen Formeln gelten auch für Hängebrücken mit durch drei Felder durchlaufendem Versteifungsträger, deren Außenöffnungen nicht am Kabel aufgehängt sind.

Die Abmessungen des Hängegurtes sind in Abb. 38 dargestellt. Die Verschiebung einer Turmspitze infolge der Einzellast $\Delta H = 1$ ist δ.

Hängegurtquerschnitt $F_k = F_k^0$ (Kabel).

An Stelle der Formeln (1) und (2) auf S. 31 treten die folgenden Gleichungen, in welchen der Einfluß von δ (Turmwiderstand) mit berücksichtigt erscheint.

$$L = \bar{l}\left(1 + \frac{8\bar{f}^2}{\bar{l}^2}\right) + \frac{s_1 \sec^2 \alpha_1}{1 + \dfrac{s_1 \sec^2 \alpha_1}{E_k F_k^0 \delta}} + \frac{s_3 \sec^2 \alpha_3}{1 + \dfrac{s_3 \sec^2 \alpha_3}{E_k F_k^0 \delta}} \quad . \; . \; . \quad (79)$$

$$L_t = \bar{l}\left(1 + \frac{16\bar{f}^2}{3\bar{l}^2}\right) + \frac{s_1 \sec \alpha_1}{1 + \dfrac{s_1 \sec^2 \alpha_1}{E_k F_k^0 \delta}} + \frac{s_3 \sec \alpha_3}{1 + \dfrac{s_3 \sec^2 \alpha_3}{E_k F_k^0 \delta}} \quad . \; . \; . \quad (80)$$

Bezeichnet man den vom linken Turm, siehe Abb. 38, aufgenommenen Anteil des Horizontalzuges mit $\varDelta H_1$, den vom rechten Turm aufgenommenen Anteil mit $\varDelta H_3$, so gilt

$$\varDelta H_1 = \frac{H_p}{1 + \dfrac{E_k F_k^0 \delta}{s_1 \sec^2 \alpha_1}} + \frac{\varepsilon t}{\dfrac{\delta}{s_1 \sec \alpha_1} + \dfrac{\sec \alpha_1}{E_k F_k^0}} \quad . \; . \; . \; . \; . \; . \quad (81)$$

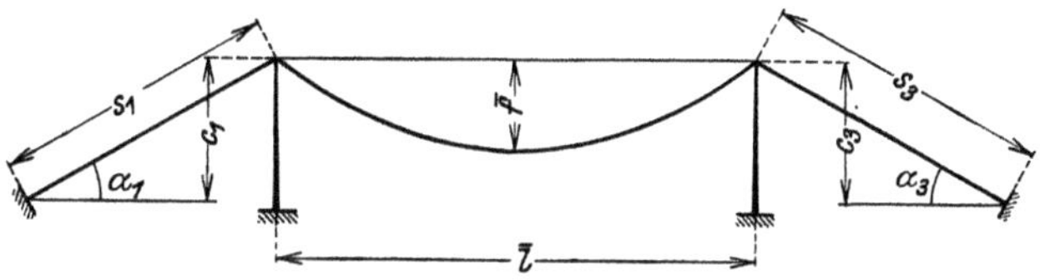

Abb. 38.

Zur Berechnung von $\varDelta H_3$ ist in der letzten Gleichung der Index 1 durch 3 zu ersetzen. $\varDelta H_1$ bzw. $\varDelta H_3$ sind positiv, wenn sie den Turm zur Mittelöffnung hin verbiegen.

Hängegurtquerschnitt angepaßt $F_k = F_k^0 \sec \alpha$ (Kette).

An Stelle der Formel (3) auf S. 32 tritt die Gleichung:

$$L = L_t = \bar{l}\left(1 + \frac{16\bar{f}^2}{3\bar{l}^2}\right) + \frac{s_1 \sec \alpha_1}{1 + \dfrac{s_1 \sec \alpha_1}{E_k F_k^0 \delta}} + \frac{s_3 \sec \alpha_3}{1 + \dfrac{s_3 \sec \alpha_3}{E_k F_k^0 \delta}} \quad . \; . \; . \quad (82)$$

Weiters gilt

$$\varDelta H_1 = \frac{H_p}{1 + \dfrac{E_k F_k^0 \delta}{s_1 \sec \alpha_1}} + \frac{\varepsilon t}{\dfrac{\delta}{s_1 \sec \alpha_1} + \dfrac{1}{E_k F_k^0}} \quad . \; . \; . \; . \; . \; . \quad (83)$$

Zur Berechnung von $\varDelta H_3$ ist in der letzten Gleichung der Index 1 durch 3 zu ersetzen. $\varDelta H_1$ bzw. $\varDelta H_3$ sind positiv, wenn sie den Turm zur Mittelöffnung hin verbiegen.

Die weitere Rechnung vollzieht sich mit diesen Werten L und L_t wie bei Hängebrücken mit nicht eingespannten Türmen. Der sich aus der H_p-Gleichung, Gl. **(14)** (erster Teil, Abschnitt **g**), ergebende Wert H_p ist der im Mittelfeld wirksame Horizontalzug, in den Abspannöffnungen ist der Horizontalzug um $\varDelta H_1$ bzw. $\varDelta H_3$ kleiner.

3. Dreifeldrige Hängebrücken.

Bei mehrfeldrigen Hängebrücken ist die Berücksichtigung der Mitwirkung von eingespannten Türmen etwas verwickelt, weil an Stelle eines Wertes H_p mehrere Werte treten, da der Horizontalzug in jeder Öffnung eine andere

Größe hat. So muß man bei dreifeldrigen Hängebrücken z. B. drei Werte H_p aus drei simultanen Gleichungen bestimmen. Da diese Gleichungen transzendent sind, ist ihre Auflösung nur durch räumliche Interpolation möglich.[1])

Nun ist aber der Einfluß der Einspannung der Türme auf Momente oder Durchbiegungen der Hängebrücken an und für sich gering.[2]) Man kann diesen Einfluß, um alle Schwierigkeiten zu vermeiden, vernachlässigen, da er Momente, Durchbiegungen usw. immer verkleinert.

Dagegen ist es notwendig zu wissen, welche Kräfte am Turm angreifen, d. h. welchen Anteil vom Horizontalzug der Turm aufzunehmen hat. Dieser Anteil kann jedoch näherungsweise auf einfache Art gefunden werden.

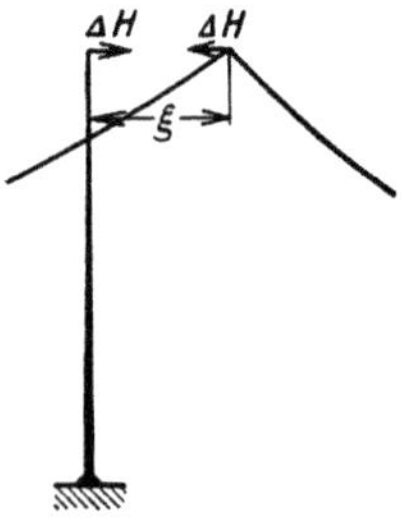

Abb. 39.

Wir nehmen zunächst an, der Kabelsattel, auf welchem der Hängegurt gelagert ist, wäre waagerecht verschieblich, dann wird der Kabelsattel bei Belastung der Hängebrücke eine relative Verschiebung ξ gegen den Turm erleiden. Um diese relative Verschiebung rückgängig zu machen, bringen wir die beiden Kräfte ΔH an, Abb. 39, welche die Turmspitze und den Kabelsattel wieder in ihre richtige Lage bringen.

Am Beginn dieses Abschnittes wurde bereits angegeben, wie die Verschiebung δ zu berechnen ist, welche die Turmspitze infolge der Kraft $\Delta H = 1$ erleidet. Es zeigt sich nun, daß diese Verschiebung weitaus größer ist, als die Verschiebung des Kabelsattels infolge einer dort angreifenden Kraft $\Delta H = 1$. Da der Unterschied in der Regel sehr kraß ist, das Verhältnis beider Verschiebungen ist 1 : 10 oder noch größer, so kann man die Verschiebung des Kabelsattels gegenüber der Verschiebung des Turmscheitels vernachlässigen.[3]) Die Rechnung bewegt sich dann auf der sichereren Seite. Die Reaktion ΔH ergibt sich einfach in der Form

$$\Delta H = \frac{\xi}{\delta} \quad \ldots\ldots\ldots\ldots \quad (84)$$

Wie δ bestimmt wird, haben wir im Absatz 1 gezeigt. Die Berechnung von ξ wird im folgenden Absatz dargelegt.

4. Berechnung der Verschiebung ξ des Turmscheitels bei dreifeldrigen Hängebrücken mit nicht eingespannten Türmen.

Die Verschiebung ξ wird mit Hilfe der gleichen Überlegung bestimmt, die uns bei Aufstellung der H_p-Gleichung (7) auf S. 6 leitete. Es ist

---

[1]) Siehe z. B.: Krivochéine, G. G.: La théorie exacte des ponts suspendus à trois travées. Bericht über die II. Int. Tagung f. Brückenbau u. Hochbau, Wien 1929.

[2]) Ich habe zum Vergleich die im dritten Beispiel, S. 66 betrachtete Brücke mit einem eingespannten Turm von 60 m Höhe und $I = 2{,}0\ \mathrm{m}^4$ mittlerem Trägheitsmoment überschlägig berechnet. Das Größtmoment und die Durchbiegung im Außenfeld ergaben sich um rund $3^0/_0$ geringer als bei gelenkigen Türmen. Im Mittelfeld waren die Unterschiede noch kleiner.

[3]) Man kann sich im Einzelfalle durch eine Berechnung dieser Verschiebung nach der Näherungstheorie von der Zulässigkeit der Vernachlässigung überzeugen. Dabei ist noch zu bedenken, daß die Näherungstheorie für diese Verschiebung einen größeren Wert liefert als die genaue Theorie, welche die Formänderungen berücksichtigt.

$$\xi = \frac{H_p}{E_k F_k^0} \int_{\bar{A}}^{\bar{B}} \frac{F_k^0 \, dx}{F_k \cos^3 \alpha} \pm \varepsilon t \int_{\bar{A}}^{\bar{B}} \frac{dx}{\cos^2 \alpha} + \int_A^B y''(x) \, \eta(x) \, dx. \quad . \quad . \quad . \quad (85)$$

Die Integrale sind im Gegensatz zur Gl. (7) nur über die links vom Turm, siehe Abb. 40, gelegenen Teile zu erstrecken.

Wir führen für die ersten beiden Integrale die abkürzende Bezeichnung

$$L' = \int_{\bar{A}}^{\bar{B}} \frac{F_k^0 \, dx}{F_k \cos^3 \alpha}, \qquad L'_t = \int_{\bar{A}}^{\bar{B}} \frac{dx}{\cos^2 \alpha} \quad (86)$$

ein. Für die Biegelinie $\eta(x)$ des Versteifungsträgers ist im letzten Integral die Reihenentwicklung

$$\eta(x) = \sum_i d_i \varphi_i(x)$$

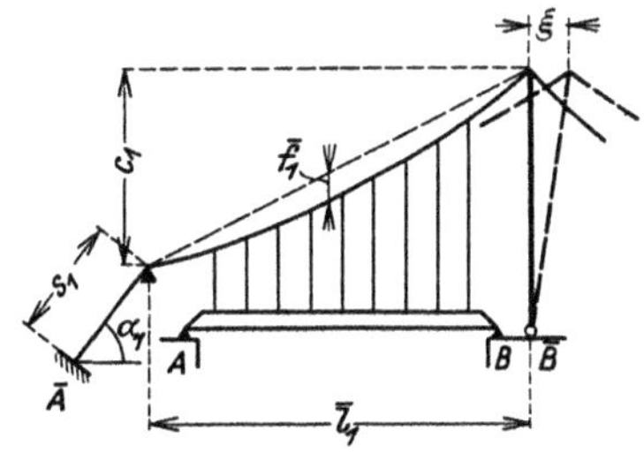

Abb. 40.

einzusetzen. Diese Reihenentwicklung ist für den betreffenden Lastfall nach dem im ersten Teil angegebenen Verfahren vorzunehmen. Dann folgt aus Gl. (85), wenn im letzten Gliede Integration und Summation vertauscht werden,

$$\xi = H_p \frac{L'}{E_k F_k^0} \pm \varepsilon \, t \, L'_t + \sum_i d_i \int_A^B y''(x) \, \varphi_i(x) \, dx. \quad . \quad . \quad . \quad . \quad (87)$$

Bei Berücksichtigung der Gl. (15), siehe S. 9, ist

$$\int_A^B y''(x) \, \varphi_i(x) \, dx = -\frac{1}{H_g} \int_A^B g(x) \, \varphi_i(x) \, dx.$$

Wenn wir annehmen, daß das Eigengewicht aus Einzellasten besteht, so gilt

$$-\frac{1}{H_g} \int_A^B g(x) \, \varphi_i(x) \, dx = -\frac{1}{H_g} \sum_A^B G(k) \, \varphi_i(k).$$

Wir führen schließlich noch die abkürzende Bezeichnung

$$b'_i = -\frac{1}{H_g} \sum_A^B G(k) \, \varphi_i(k) \quad . \quad . \quad . \quad . \quad . \quad . \quad . \quad . \quad . \quad . \quad (88)$$

ein und erhalten endlich aus Gl. (87)

$$\xi = H_p \frac{L'}{E_k F_k^0} \pm \varepsilon t L'_t + \sum_i b'_i d_i. \quad . \quad . \quad . \quad . \quad . \quad . \quad . \quad . \quad (89)$$

Durch Gl. (89) ist somit die gesuchte Verschiebung ξ, deren Kenntnis für die Berechnung der auf den eingespannten Turm wirkenden Kraft $\varDelta H$ nach Gl. (84) notwendig ist, festgelegt. H_p und d_i sind aus der vorangegangenen Berechnung des betreffenden Lastfalles für die Hängebrücke mit Pendeltürmen zu entnehmen. Zur praktischen Berechnung von L' und L'_t dienen mit Hinweis auf die Bezeichnungen in Abb. 40 die folgenden Formeln:

Hängegurtquerschnitt $F_k = F_k^0$ (Kabel).

$$L' = s_1 \sec^2 \alpha_1 + \bar{l}_1 \left(1 + 8 \frac{\bar{f}_1^2}{\bar{l}_1^2} + \frac{3}{2} \frac{c_1^2}{\bar{l}_1^2} \right), \qquad (90)$$

$$L_t' = s_1 \sec \alpha_1 + \bar{l}_1 \left(1 + \frac{16 \bar{f}_1^2}{3 \bar{l}_1^2} + \frac{c_1^2}{\bar{l}_1^2} \right). \qquad (91)$$

Hängegurtquerschnitt angepaßt $F_k = F_k^0 \sec \alpha$ (Kette).

$$L' = L_t' = s_1 \sec \alpha_1 + \bar{l}_1 \left(1 + \frac{16 \bar{f}_1^2}{3 \bar{l}_1^2} + \frac{c_1^2}{\bar{l}_1^2} \right). \qquad (92)$$

b) Verwendung der Näherungstheorie zur Vorberechnung von Hängebrücken.

Bei Hängebrücken mit nicht mehr als etwa 300—400 m Spannweite kann man die übliche Näherungstheorie, welche die Formänderungen nicht berücksichtigt, für die erste beiläufige Bestimmung der im Versteifungsträger auftretenden Kräfte benützen. Man weiß, daß diese Rechnung zu große Werte für Momente, Querkräfte und Durchbiegungen liefert. Aus Vergleichsrechnungen ist nun zu entnehmen, daß die Unterschiede zwischen genauer Theorie und Näherungstheorie hauptsächlich von der Größe $\Phi = l \sqrt{\frac{H_g}{EJ}}$ abhängen, wobei l die Spannweite der Brücke, EJ die Steifigkeit des Versteifungsträgers und H_g der Horizontalzug vom Eigengewicht ist. Man kann daher die Abminderungen, welche sich bei genauer Rechnung gegenüber der Näherungstheorie ergeben, für eine Reihe von Sonderfällen berechnen und in Form eines Diagramms als Funktion von Φ darstellen.[1])

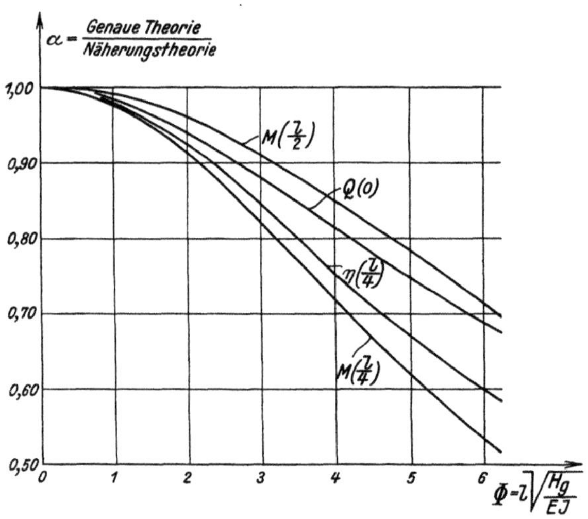

Abb. 41.

Aus dem vom Verfasser berechneten Diagramm, Abb. 41, können die Abminderungen

$$\alpha = \frac{\text{Werte nach der genauen Theorie}}{\text{Werte nach der Näherungstheorie}}$$

[1]) Dieser Gedanke stammt von A. H. Barker, welcher in seiner Dissertation: Suspension bridge analysis by the exact method simplified by knowledge of its relations to the approximate method, New York 1928, solche Diagramme für dreifeldrige Hängebrücken angegeben hat.

der größten Durchbiegungen $\eta\left(\frac{l}{4}\right)$ im Viertelpunkt, der Momente $M\left(\frac{l}{4}\right)$ und $M\left(\frac{l}{2}\right)$ im Viertelpunkt und in Brückenmitte und der Querkraft $Q(o)$ am Auflager als Funktion von $\Phi = l\sqrt{\frac{H_g}{EJ}}$ für einfeldrige Hängebrücken mit unveränderlichem Trägheitsmoment J des Versteifungsträgers entnommen werden. Diese Abminderungswerte α gelten für die Größtwerte, welche infolge Wirkung der Verkehrslast allein oder auch infolge Verkehrslast und Temperaturwirkung gemeinsam entstehen. Es ist selbstverständlich, daß diese Abminderungskoeffizienten nur als grobe Näherungswerte anzusehen sind, da es nicht möglich ist, ein so kompliziertes Problem in so einfacher Weise zu lösen. Für die Vorbemessung des Versteifungsträgers kann das Diagramm jedoch gute Dienste leisten.

c) Die unversteifte Kette.

Bei der Festlegung des Montagevorganges einer Hängebrücke tritt oft die Frage nach dem Horizontalzug und dem Durchhang auf, welche irgendeine Belastung in einer unversteiften Kette hervorruft. In diesem Abschnitt soll diese grundlegende Frage kurz behandelt werden.[1])

1. Allgemeines.

Die Differentialgleichung für den Durchhang $y(x)$ eines Seiles unter einer verteilten Last $q(x)$ lautet

$$y''(x) = -\frac{q(x)}{H}, \quad \ldots\ldots \quad (93)$$

wenn H den Horizontalzug im Seil bedeutet. Es ist bekannt, daß man $y(x)$ am einfachsten als Momentenlinie zur Belastung $q(x)$ bestimmt.

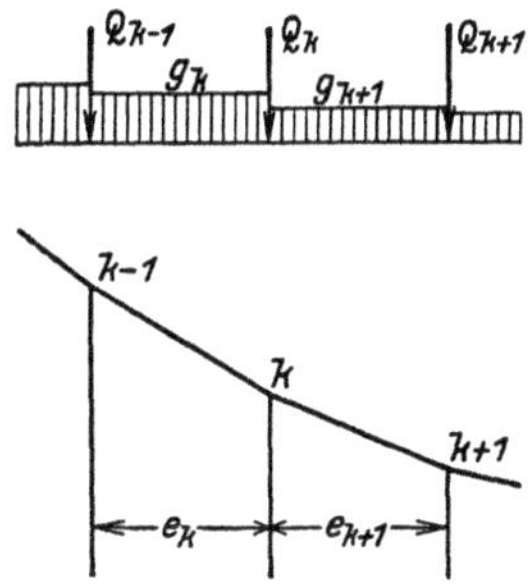

Abb. 42.

Da man aber mit verteilten Lasten im allgemeinen umständlich rechnet, so ersetzen wir die vorkommenden verteilten Lasten durch Einzellasten. Nimmt man an, Abb. 42, daß die Kette außer den Einzellasten Q_k nur ihr Eigengewicht g als verteilte Last trägt, welches zwischen zwei Punkten $k-1$, k als unveränderlich angenommen werden darf, so ergeben sich die Eratzeinzellasten

$$\overline{Q}_k = Q_k + \frac{1}{2}(g_k e_k + g_{k+1} e_{k+1}). \quad \ldots\ldots \quad (94)$$

Es sind hierbei nur jene Punkte als Teilungspunkte k zu wählen, in welchen entweder Einzellasten angreifen, oder in welchen der Durchhang später berechnet werden soll. Dies sind im allgemeinen die Hängestangenanschlußpunkte. Der Durchhang der Kette im Punkte k ist nun gleich dem durch H geteilten Moment $M(k)$ an der Stelle k eines Balkens, dessen Spannweite gleich der Öffnungsweite

[1]) Neuere ausführliche Darlegungen über die unversteifte Kette stammen von: Melan, J.: Handbuch der Ing. Wiss., II. Teil, 6. Bd., 4. Aufl., S. 10. — Schleicher, F.: Über das schwere Seil mit einer Einzelkraft. Der Bauingenieur 1931, und: Über die unversteifte Hängebrücke. Der Bauingenieur 1932. — Pigeaud, G.: Résistance des matériaux et élasticité, II. Bd. Paris 1934, S. 757.

der Kette ist und der mit den Lasten $\overline{Q}_k$ belastet ist. Somit gilt für den Durchhang $y(k)$ des Seiles die einfache Beziehung

$$y(k) = \frac{M(k)}{H} \quad \ldots \ldots \ldots \ldots \quad (95)$$

2. Bestimmung von Horizontalzug und Durchhang einer Kette.

Der Gleichgewichtszustand eines Seiles, welches mit einer Reihe von Einzellasten $Q_0(k)$ belastet ist, sei bekannt, der Durchhang dieses Seiles sei $y_0(k)$, der Horizontalzug sei H_0. Dieses Seil wird nun mit weiteren Lasten $Q(k)$ belastet. Es wird der Horizontalzug H sowie der neue Durchhang $y(k)$ gesucht, wobei auch auf den Einfluß von Temperaturänderungen Rücksicht zu nehmen ist.

Bezeichnet man die von den Lasten Q_0 herrührende Momentenlinie des einfachen Balkens mit M_0, die von den Lasten Q herrührende Momentenlinie mit M, so muß nach Gl. (95)

$$y_0 = \frac{M_0}{H_0}, \qquad y = \frac{M_0 + M}{H} \quad \ldots \ldots \ldots \quad (96)$$

sein. Differenziert man diese Gleichungen beiderseits zweimal, so ist

$$y_0'' = \frac{M_0''}{H_0} = -\frac{Q_0}{H_0}, \qquad y'' = \frac{M_0'' + M''}{H} = -\frac{Q_0 + Q}{H} \quad \ldots \quad (97)$$

Zur Bestimmung des Horizontalzuges benützen wir die Gl. (7) auf S. 6, welche dort zur Bestimmung des Horizontalzuges in der Hängebrücke diente. Es ist nur zu beachten, daß die in Gl. (7) auftretende Größe η die Durchbiegung infolge der Belastung bedeutet, daß daher in der Bezeichnungsweise dieses Abschnittes η durch $y—y_0$ zu ersetzen ist. Weiter ist an Stelle von y und H_p, y_0 bzw. $H—H_0$ zu schreiben. Es gilt somit

$$(H - H_0)\frac{L}{E_k F_k^0} \pm \varepsilon t L_t + \int y_0''(y - y_0)\, dx = 0.$$

Durch zweimalige partielle Integration im letzten Gliede dieser Gleichung erhält man, da die Randglieder verschwinden,

$$(H - H_0)\frac{L}{E_k F_k^0} \pm \varepsilon t L_t + \int y_0 \cdot (y'' - y_0'')\, dx = 0. \quad \ldots \quad (98)$$

Wir setzen nun in Gl. (98) y_0'' und y'' aus Gl. (97) ein. Da die Lasten Q_0 und Q Einzellasten sind, so reduziert sich das Integral auf eine Summe und es wird

$$(H - H_0)\frac{L}{E_k F_k^0} \pm \varepsilon t L_t - \frac{1}{H}\sum_k Q(k)\, y_0(k) + \frac{H - H_0}{H_0 H}\sum_k Q_0(k)\, y_0(k) = 0.$$

Bezeichnet man zur Abkürzung

$$H - H_0 = \Delta H, \qquad \sum_k Q(k)\, y_0(k) = a, \qquad -\frac{1}{H_0}\sum_k Q_0(k)\, y_0(k) = b, \quad (99)$$

so gewinnt man die in ΔH quadratische Gleichung

$$\Delta H \frac{L}{E_k F_k^0} \pm \varepsilon t L_t - \frac{a + b\,\Delta H}{H_0 + \Delta H} = 0,$$

welche sich auch in der Form

$$(\Delta H)^2 \frac{L}{E_k F_k^0} + \Delta H\left(H_0 \frac{L}{E_k F_k^0} \pm \varepsilon t L_t - b\right) \pm H_0 \varepsilon t L_t - a = 0 \quad (100)$$

schreiben läßt. Bei der Ausrechnung sind die Gl. (1, 2, 3) auf S. 31 zur Bestimmung von L und L_t zu verwenden. Wenn ΔH aus Gl. (100) gefunden ist, so bestimmt man $H = H_0 + \Delta H$. Schließlich ermittelt man gemäß der zweiten Gl. (96) den Durchhang

$$y = \frac{M_0 + M}{H},$$

aus den Momentenlinien M_0 und M. Die Zahlenrechnung ist sehr einfach, da nach Bestimmung der Summenwerte a und b nach Gl. (99) nur die Auflösung der quadratischen Gleichung (100) für ΔH erforderlich ist.

d) Eigenschwingungen von Hängebrücken.

Das im ersten Teil dargestellte Verfahren gestattet auch, die Eigenschwingungszahlen von Hängebrücken zu ermitteln. Es finden dabei die gleichen Eigenlösungen $\varphi_i(x)$ Verwendung, welche im ersten Teil bei der Berechnung von Momenten, Durchbiegungen usw. benützt wurden.

Eigenschwingungen sind Schwingungen, welche ein mechanisches System um seine Gleichgewichtslage ausführt, ohne daß von außen ständig Energie zugeführt werden muß, wobei die Amplituden der Schwingung als sehr klein anzusehen sind. Es sind daher auch die Trägheitskräfte, welche die auf der Brücke befindlichen Massen ausüben, sehr klein.

Wir ermitteln daher zunächst die Differentialgleichung, welche die Durchbiegung einer Hängebrücke bei Aufbringen einer unendlich kleinen Zusatzlast beschreibt. Die Differentialgleichung der im Gleichgewichtszustand befindlichen Hängebrücke, welche mit $p(x)$ belastet ist und deren Horizontalzug $H = H_g + H_p$ ist, lautet

$$[EJ(x)\,\eta''(x)]'' - H\,\eta''(x) = p(x) + H_p\,y''(x). \quad . \quad . \quad . \quad (101)$$

Belastet man die Brücke mit unendlich kleinen Zusatzlasten $\Delta p(x)$, so ändert sich die Durchbiegung um $\Delta\,\eta(x)$, der Horizontalzug um ΔH_p. Die zugehörige Differentialgleichung ist

$$[EJ(x)\,(\eta'' + \Delta\eta'')]'' - (H + \Delta H_p)\cdot(\eta'' + \Delta\eta'') =$$
$$= p(x) + \Delta p(x) + (H_p + \Delta H_p)\,.\,y''(x). \quad . \quad . \quad . \quad . \quad . \quad (102)$$

Subtrahiert man die beiden Gl. (101) und (102) voneinander und vernachlässigt das Glied $\Delta\,H_p\,.\,\Delta\,\eta''$, welches von höherer Ordnung klein ist, so erhält man

$$[EJ(x)\,\Delta\eta''(x)]'' - H\,\Delta\eta''(x) = \Delta p(x) + \Delta H_p\,[y(x) + \eta(x)]''. \quad . \quad (103)$$

Der rechts stehende Ausdruck $y(x) + \eta(x)$ ist der gesamte Durchhang des Kabels in der mit $g(x) + p(x)$ belasteten Brücke. Dieser Durchhang unterscheidet sich nur wenig von dem Durchhang $y(x)$ der nur mit dem Eigengewicht belasteten Brücke. Wir werden der Einfachheit halber das Glied $\eta(x)$ vernachlässigen und die Gleichung

$$[EJ(x)\,\Delta\eta''(x)]'' - H\,\Delta\eta''(x) = \Delta p(x) + \Delta H_p\,.\,y''(x) \quad . \quad . \quad (104)$$

zum Ausgang nehmen. Der Einfluß der ursprünglichen Belastung $p(x)$ auf die Durchbiegung $\Delta\eta(x)$ infolge einer unendlich kleinen Zusatzlast $\Delta p(x)$ kommt nur mehr in dem Gliede $H\,.\,\Delta\eta''(x)$ zum Ausdruck.

Im Falle von Schwingungen sind die Größen $\Delta\eta(x)$, $\Delta p(x)$ und ΔH_p auch Funktionen der Zeit t, und zwar periodische Funktionen von der bekannten Form

$$\Delta\eta(x, t) = \sin\omega t \,.\, \Delta\eta(x), \qquad \Delta p(x, t) = \sin\omega t \,.\, \Delta p(x),$$
$$\Delta H_p(t) = \sin\omega t \,.\, \Delta H_p, \quad \ldots \ldots \ldots \quad (105)$$

wobei ω die gesuchte Kreisfrequenz der Schwingung ist. Die Belastung $\Delta p(x, t)$ rührt von den Trägheitskräften der auf der Brücke befindlichen Lasten her, es ist

$$\Delta p(x, t) = -m(x) \frac{\partial^2}{\partial t^2} \Delta\eta(x, t) = \omega^2 m(x) \,.\, \sin\omega t \,.\, \Delta\eta(x), \quad \ldots \quad (106)$$

wobei mit $m(x)$ die träge Masse der Brücke und der Nutzlast bezeichnet ist.

Setzt man Gl. (105) und (106) in Gl. (104) ein, so erhält man die von der Zeit t unabhängige Differentialgleichung für die Amplitude $\Delta\eta(x)$

$$[EJ(x)\,\Delta\eta''(x)]'' - H\,\Delta\eta''(x) = \omega^2 m(x)\,\Delta\eta(x) + \Delta H_p \,.\, y''(x). \quad \ldots \quad (107)$$

Zur Bestimmung von ΔH_p dient die Gl. (7) auf S. 6. Diese lautet bei Unterdrückung des Temperaturgliedes

$$\Delta H_p \frac{L}{E_k F_k^0} + \int y''(x)\,\Delta\eta(x) = 0. \quad \ldots \ldots \quad (108)$$

Zur Darstellung der Lösung der Differentialgleichung greifen wir auf die im ersten Teil benützten Eigenlösungen φ_i der homogenen Differentialgleichung

$$[EJ(x)\,\varphi_i''(x)]'' + \lambda_i \varphi_i''(x) = 0 \quad \ldots \ldots \ldots \quad (109)$$

zurück. Wir führen nun für die gesuchte Lösung $\Delta\eta(x)$ den n-gliedrigen Ansatz

$$\Delta\eta(x) = \sum_{i=1}^{n} d_i \varphi_i(x) \quad \ldots \ldots \ldots \quad (110)$$

ein. Zur Bestimmung der Entwicklungskoeffizienten d_i bringt man diesen Ansatz zunächst in Gl. (107) ein

$$\sum_{i=1}^{n} d_i \left\{ \left[EJ(x)\,\varphi_i''(x)\right]'' - H\,\varphi_i''(x) \right\} = \omega^2 m(x) \sum_{i=1}^{n} d_i \varphi_i(x) + \Delta H_p \,.\, y''(x).$$

Mit Hilfe der Gl. (109) vereinfacht sich die linke Seite dieser Gleichung, so daß man

$$-\sum_{i=1}^{n} (\lambda_i + H)\, d_i \varphi_i''(x) = \omega^2 m(x) \sum_{i=1}^{n} d_i \varphi_i(x) + \Delta H_p\, y''(x)$$

gewinnt. Wir gehen im weiteren ebenso vor wie im ersten Teile, siehe S. 9, und multiplizieren diese Gleichung mit einer der Eigenlösungen $\varphi_j(x)$ und integrieren über den ganzen Bereich. Beachtet man die Orthogonalitätsbeziehungen Gl. (12) auf S. 8 und sind b_j die durch Gl. (16) definierten Grundwerte, so erhält man

$$(\lambda_j + H)\, d_j = \omega^2 \sum_{i=1}^{n} d_i \int m(x)\,\varphi_i(x)\,\varphi_j(x)\,dx + \Delta H_p\, b_j. \quad \ldots \quad (111)$$

Führt man jetzt die abkürzende Bezeichnung

$$A_{i,j} = \int m(x)\, \varphi_i(x)\, \varphi_j(x)\, dx \quad \ldots\ldots\ldots \quad (112)$$

ein, so lautet die Gl. (111)

$$(\lambda_j + H)\, d_j = \omega^2 \sum_{i=1}^{n} A_{i,j} \,.\, d_i + b_j\, \Delta H_p \ldots\ldots \quad (113)$$

Da man für j jeden Wert 1 bis n annehmen kann, so bestehen n solche Gleichungen.

Um ΔH_p aus diesem Gleichungssystem zu eliminieren, benützen wir die H-Gleichung (108). Wir setzen zu diesem Zweck in diese Gleichung zunächst die Entwicklung (110) ein und erhalten

$$\Delta H_p \frac{L}{E_k F_k^0} = -\int y''(x) \sum_{i=1}^{n} d_i\, \varphi_i(x)\, dx = -\sum_{i=1}^{n} d_i \int y''(x)\, \varphi_i(x)\, dx =$$

$$= -\sum_{i=1}^{n} d_i\, b_i, \quad \ldots\ldots\ldots \quad (114)$$

wobei wieder die Grundwerte b_i auftreten. Die Einführung dieses Ergebnisses in Gl. (113) liefert endlich

$$(\lambda_j + H)\, d_j + \sum_{i=1}^{n} \left(b_i b_j \frac{E_k F_k^0}{L} - \omega^2 A_{i,j} \right) d_i = 0, \qquad j = 1, 2, \ldots n. \quad (115)$$

Dies sind n homogene lineare Gleichungen für die n Entwicklungskoeffizienten d_i. Die Null gesetzte Determinante dieser Gleichungen ist die Periodengleichung, aus welcher die Eigenfrequenzen ω zu bestimmen sind. Die Eigenschwingungszeiten sind dann

$$T = \frac{2\pi}{\omega}. \quad \ldots\ldots\ldots \quad (116)$$

Bei der praktischen Rechnung rechne man wieder mit in den Hängestangenanschlußpunkten vereinigten Lasten bzw. Massen. Sind $G(k)$, wie im ersten Teil die Eigengewichtsknotenlasten und sind $M^*(k)$ die in den Knotenpunkten k konzentriert gedachten Massen (von Brücke und Nutzlast gemeinsam), so dienen zur Berechnung von b_i und $A_{i,j}$ die Gleichungen

$$b_i = -\frac{1}{H_g} \sum_k G(k)\, \varphi_i(k), \quad \ldots\ldots\ldots \quad (117)$$

$$A_{i,j} = \sum_k M^*(k)\, \varphi_i(k)\, \varphi_j(k). \quad \ldots\ldots\ldots \quad (118)$$

Diese Summen sind über alle Knotenpunkte k zu erstrecken.

Es sei darauf hingewiesen, daß sich die Determinante der Gl. (115) bei symmetrischen Hängebrücken und bei symmetrischer Massenordnung in zwei Teile aufspalten läßt, welche symmetrische und antisymmetrische Eigenschwingungen liefern. In solchen Fällen wird ein Teil der Größen b_i und $A_{i,j}$ Null.

Die Anzahl n der angesetzten Eigenlösungen kann geringer sein als im ersten Teil bei Bestimmung von Momenten usw. Zur Ermittlung der niedrigsten

Schwingungszahlen genügt es, bei einfeldrigen Hängebrücken 4, bei dreifeldrigen 6 Funktionen φ_i zu verwenden.

Zahlenbeispiel. Es sollen die Grundschwingungen der einfeldrigen Hängebrücke von $l = 240$ m Spannweite bestimmt werden, die im ersten Beispiel auf S. 53 berechnet wurde. Wir wollen die Schwingungen der nur mit dem Eigengewicht $g = 5{,}40$ t/m belasteten Brücke berechnen.

Wir entnehmen dem ersten Beispiel die Eigenlösungen $\varphi_i(x)$

$$\varphi_i(x) = \frac{6{,}9738}{i} \sin \frac{i\pi x}{l} \quad \ldots \ldots \ldots \ldots \quad \text{(a)}$$

und benützen für unsere Darstellung die ersten vier dieser Eigenlösungen $i = 1, 2, 3, 4$. Für die Grundwerte b_i und den Wert $\frac{L}{E_k F_k^0}$ haben wir im ersten Beispiel folgende Zahlenwerte berechnet:

$$b_1 = -3{,}6955, \quad b_2 = 0, \quad b_3 = -0{,}4059, \quad b_4 = 0, \quad \frac{L}{E_k F_k^0} = 1{,}786 \cdot 10^{-4} \ldots \quad \text{(b)}$$

Die in den Knoten vereinigt gedachte Masse ergibt sich zu

$$M^* = \frac{g \cdot e}{9{,}81} = \frac{5{,}40 \cdot 10}{9{,}81} = 5{,}50.$$

Die Masse $M^*(k)$ ist in diesem Falle konstant, so daß aus Gl. (118)

$$A_{i,j} = M^* \sum_k \varphi_i(k)\, \varphi_j(k)$$

folgt. Setzt man Gl. (a) ein und beachtet, daß die Ordinate x des k-ten Knotens $x_k = \frac{k}{24} l$ ist, so erhält man

$$A_{i,j} = 5{,}50 \frac{6{,}9738^2}{i \cdot j} \sum_{k=0}^{24} \sin \frac{i\pi}{24} k \cdot \sin \frac{j\pi}{24} k = \frac{267{,}49}{i \cdot j} \sum_{k=0}^{24} \sin \frac{i\pi}{24} k \cdot \sin \frac{j\pi}{24} k.$$

Nun ist bekanntlich

$$\sum_{k=0}^{m} \sin \frac{i\pi}{m} k \cdot \sin \frac{j\pi}{m} k = \begin{cases} 0, & \text{wenn } i \neq j, \\ \frac{m}{2}, & \text{wenn } i = j, \end{cases}$$

so daß

$$A_{i,j} = 0 \qquad (i \neq j)$$

$$A_{j,j} = \frac{267{,}49}{j^2} \cdot 12 = \frac{3209{,}9}{j^2}$$

erhalten wird. Es ist also

$$A_{11} = 3209{,}9, \quad A_{22} = 802{,}5, \quad A_{33} = 356{,}7, \quad A_{44} = 200{,}6, \quad \ldots \quad \text{(c)}$$

während alle andern $A_{i,j}$ Null sind.

Wir können jetzt die Gl. (115) bereits anschreiben. Da die Brücke nur mit dem Eigengewicht belastet sein soll, so ist $H = H_g$ zu setzen. Die Werte von $\lambda_i + H_g$ sind aus dem ersten Beispiel, Tafel a auf S. 55, entnommen. Man erhält für $j = 1,2,3,4$ die vier Gleichungen

$$\left.\begin{aligned} &(2455 + 76500 - 3209{,}9\,\omega^2)\, d_1 + 8390\, d_3 = 0, \\ &(5133 - 802{,}5\,\omega^2)\, d_2 = 0, \\ &8390\, d_1 + (9651 + 920 - 356{,}7\,\omega^2)\, d_3 = 0, \\ &(15948 - 200{,}6\,\omega^2)\, d_4 = 0. \end{aligned}\right\} \quad \ldots \ldots \quad \text{(d)}$$

Man ersieht sofort, daß die erste und dritte Gleichung von der zweiten und vierten ganz unabhängig sind. Die gleich Null gesetzte Determinante der ersten und dritten Gleichung

$$\begin{vmatrix} 78955 - 3209{,}9\,\omega^2 & 8390 \\ 8390 & 10571 - 356{,}7\,\omega^2 \end{vmatrix} = 0$$

liefert die Kreisfrequenzen der symmetrischen Lösungen

$$\omega_1 = 4{,}35, \qquad \omega_3 = 5{,}96,$$

während die zweite und die vierte Gleichung die Bedingungen

$$(5133 - 802{,}5\,\omega^2) = 0, \qquad (15948 - 200{,}6\,\omega^2) = 0$$

ergeben, aus welchen die Werte

$$\omega_2 = 2{,}53, \qquad \omega_4 = 8{,}76$$

folgen. Die niedrigste Kreisfrequenz ist $\omega_2 = 2{,}53$, die zugehörige Schwingungszeit ist

$$T_2 = \frac{2\pi}{2{,}53} = \mathbf{2{,}48\ sec.}$$

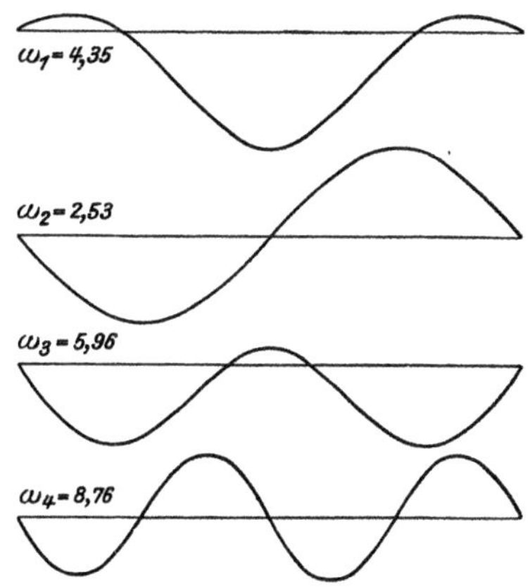

Abb. 43.

In Abb. 43 sind die zu den vier gefundenen Werten ω gehörenden Schwingungsformen dargestellt. Ihre Bestimmung erfolgt durch Einsetzen des betreffenden Wertes von ω in die Gl. (d), welche dann die Entwicklungskoeffizienten d_i der Schwingungsform $\Delta\eta(x)$ liefern. Die Abbildung zeigt, daß die Grundschwingung eine zweiwellige antisymmetrische Linie ist.

e) Berechnung von Hängebrücken unter Windbelastung.

Die Berechnung von Hängebrücken für die Windbelastung unterscheidet sich in zwei Punkten von dem bei Balkenbrücken üblichen Berechnungsvorgang. Bei Hängebrücken kann die Verteilung der Windkräfte auf den Windverband und auf das Kabel nicht unmittelbar angegeben werden, da Windverband und Hängegurt infolge der Windkräfte im allgemeinen verschiedene seitliche Ausbiegungen erleiden; infolgedessen tritt eine Schrägstellung der Hängestangen ein, durch welche waagrechte Kräfte übertragen werden und durch welche die seitlichen Durchbiegungen von Windverband und Kabel ausgeglichen werden.

Der zweite Punkt, der zu erörtern ist, besteht in der Feststellung der lotrechten Wirkungen von Windlasten, wenn, wie üblich, ein Gurt des Versteifungsträgers gleichzeitig Windgurt ist. Bei Windangriff wird dieser Gurt in Spannung gesetzt, dehnt sich und es treten lotrechte Bewegungen des Versteifungsträgers auf, welche wieder eine Änderung des Horizontalzuges und damit Momente im Versteifungsträger verursachen. Es ist bisher üblich gewesen, diesen Umstand zu vernachlässigen. Die lotrechten Wirkungen sind aber nicht unerheblich; sie lassen sich, wie wir sehen werden, in sehr einfacher Weise berücksichtigen. Da diese lotrechten Wirkungen die Kräfte in den Windgurten verringern, so lassen sich gegenüber der üblichen Rechnung noch Ersparnisse erzielen.[1])

[1]) Domke, O.: Über den Windverband versteifter Hängebrücken in der Müller-Breslau-Festschrift, Leipzig 1912, behandelt die räumliche Wirkung des Windverbandes bei Hängebrücken mit schräg liegenden Tragkabeln. Diese Arbeit umschließt auch den hier behandelten Fall lotrecht hängender Kabel. Ihrer größeren Allgemeinheit wegen sind die Ergebnisse von Domke jedoch nicht so einfach wie die hier abgeleiteten.

1. Die räumliche Wirkung des Windverbandes.

Der Versteifungsträger der Hängebrücke sei ein Vollwandträger unveränderlicher Höhe und unveränderlichen Querschnitts. Seine gesamte Querschnittsfläche sei F. Der Windverband liege in der Höhe a über dem Schwerpunkt S der Querschnittsfläche des Versteifungsträgers. Die Windkräfte $w(x)$ greifen in der Höhe h über dem Schwerpunkt S an. Die Entfernung der beiden Hauptträger ist b, siehe Abb. 44 a.

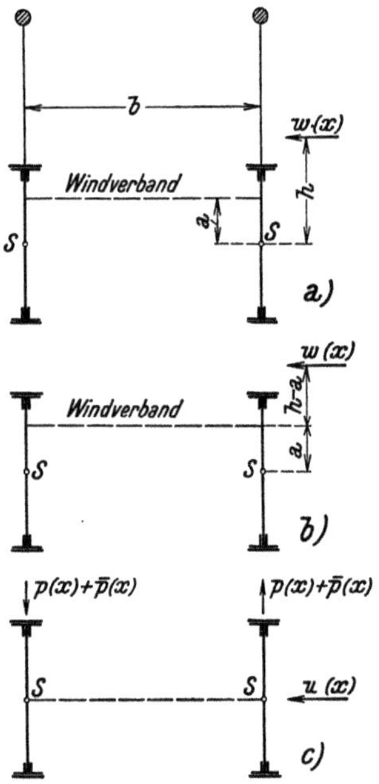

Abb. 44.

Zunächst denken wir uns den Versteifungsträger ohne Hängegurt allein unter der Wirkung der Windlasten $w(x)$, Abb. 44 b. Diese Windlasten erzeugen ein Kippmoment $w(x)\,\frac{h-a}{b}$, welches eine lotrechte Belastung der Versteifungsträger

$$\pm\, p(x) = w(x)\,\frac{h-a}{b}, \quad . \quad . \quad . \quad (119)$$

hervorruft. Das Windmoment $M_w(x)$ in horizontaler Ebene erzeugt Längskräfte $\pm\,\frac{M_w(x)}{b}$ in den Versteifungsträgern. Da der Windverband aber in der Entfernung a vom Schwerpunkt S liegt, so rufen diese Längskräfte noch Momente

$$\mathfrak{M}_w(x) = \pm\, M_w(x)\,\frac{a}{b} \quad . \quad . \quad . \quad (120)$$

im Versteifungsträger hervor, dagegen darf die Längskraft $\pm\,\frac{M_w(x)}{b}$ im Schwerpunkt S wirkend gedacht werden.

Nun sind aber das statische System des Windverbandes und des Versteifungsträgers ohne Kette die gleichen, da beide Systeme in den gleichen Punkten gelagert sind. Die lotrechten Momente $\mathfrak{M}_w(x)$ nach Gl. (120) sind daher dieselben wie die Momente $\mathfrak{M}(x)$ im Versteifungsträger ohne Kette, welche von einer gedachten lotrechten Ersatzlast

$$\pm\, \bar{p}(x) = w(x)\,\frac{a}{b} \quad . \quad . \quad . \quad . \quad . \quad . \quad . \quad . \quad . \quad . \quad (121)$$

hervorgerufen werden.

Man erhält daher die richtigen Spannungen im Versteifungsträger ohne Hängegurt und im Windverband unter der Last $w(x)$, wenn man so rechnet, als ob der Windverband und die Kräfte $w(x)$ in der Ebene des Schwerpunktes S liegen würden, so daß die gesamte Fläche F des Versteifungsträgers als Windgurt wirkt, und wenn man gleichzeitig noch die lotrechten Lasten $p(x) + \bar{p}(x)$, siehe Abb. 44 c, anbringt.

Fügt man den Hängegurt jetzt wieder zum Tragwerk dazu, so ist die Ersatzlast $\bar{p}(x)$, ebenso wie $p(x)$, wie eine wirkliche Last zu behandeln. Die Windlast $w(x)$, die in der Ebene des Schwerpunktes S wirkend gedacht wird, ruft keinerlei lotrechte Wirkungen hervor. Die gesamten lotrechten Lasten sind daher

$$\pm\, [p(x) + \bar{p}(x)] = w(x)\,\frac{h-a}{b} + w(x)\,\frac{a}{b} = w(x)\,\frac{h}{b}. \quad . \quad . \quad (122)$$

Dieses Ergebnis bedeutet aber:

Bei einer Hängebrücke ist, gleichgültig wo der Windverband wirklich liegt, das Kippmoment des Windes so zu errechnen, als ob der Windverband in der Höhe des Schwerpunktes des Versteifungsträgers liegen würde. Dieses Kippmoment belastet die Hängebrücke. Die Windgurtkraft von der waagrechten Windwirkung darf auf die ganze Fläche F des Versteifungsträgers gleichmäßig aufgeteilt werden.

Faßt man einen Fachwerkversteifungsträger als einen nur aus den zwei Gurten F_o und F_u bestehenden „Vollwandquerschnitt" auf, so gilt dieses Ergebnis auch für Fachwerkträger.

Bei Fachwerkträgern ist das Kippmoment des Windes, gleichgültig wo der Windverband wirklich liegt, auf die Ebene des gemeinsamen Schwerpunktes S der beiden Gurte zu beziehen. Die Windgurtkraft wird von der Fläche beider Gurte $F_o + F_u$ aufgenommen.

Für die praktische Rechnung ist diese Fassung des Ergebnisses aus dem Grunde geeignet, weil gegenüber der bisher üblichen Berechnungsweise, die Kippmomente auf die tatsächliche Windverbandsebene zu beziehen und nur den unmittelbar angeschlossenen Gurt als Windgurt zu berücksichtigen keine Mehrarbeit in der Rechnung entsteht. Sind die Kippmomente, bezogen auf die wirkliche Windverbandebene, klein, so daß man sie gar nicht zu berücksichtigen braucht, so ist diese Vernachlässigung meist auch für die Kippmomente, bezogen auf die Ebene der Schwerpunkte S, berechtigt. Die Vernachlässigung der Kipplasten erweist sich übrigens in den meisten Fällen als zulässig, da die Kipplasten gewöhnlich nur einen kleinen Teil der lotrechten Lasten ausmachen.

Bei Bestimmung des Trägheitsmomentes des Windverbandes zur Ermittlung seitlicher Durchbiegungen darf nicht übersehen werden, daß die ganze Fläche F des Versteifungsträgers bzw. die Fläche $F_o + F_u$ bei Fachwerksversteifungsträgern als Gurtfläche des Windverbandes anzusehen ist.

2. Berechnung der Verteilung der Windkräfte auf Windverband und Hängegurt.

Bei Hängebrücken von sehr großen Spannweiten, wie sie in den letzten Jahren in den Vereinigten Staaten ausgeführt werden, gewinnt die Übernahme der Windkräfte durch das Kabel eine außerordentliche, beinahe ausschlaggebende Bedeutung. Es bildete sich daher dort das Bedürfnis nach einer Theorie, welche die vom Kabel übernommenen Seitenkräfte zu ermitteln gestattet. Neben vielen Näherungsverfahren entstand die sogenannte Elastic Distribution Method,[1]) welche die Verteilung der seitlichen Kräfte auf Kabel und Windverband auf Grund der strengen Differentialgleichungen zu bestimmen gestattet. Dieses Verfahren geht über die Bedürfnisse des europäischen Brückenbaues weit hinaus.

[1]) Moisseiff, L. S. und Lienhard, F.: Suspension bridges under the action of lateral forces. Proceedings of the Am. Soc. C. E., März 1932.

Wir begnügen uns daher in diesem Buche mit einem einfachen Näherungsverfahren, welches bei kleineren Spannweiten, wie sie bei europäischen Brücken in Frage kommen, ausreichend genaue Ergebnisse liefert.

In dem in Abb. 45 gezeichneten Schnitt ist die unter dem Einfluß des Windes verschobene Lage des Windverbandes sowie der Hängegurte gezeichnet. Am Windverband greifen als äußere Lasten die mit $w_1(x)$ bezeichneten Windlasten auf den Versteifungsträger und die Fahrzeuge an. Die Windbelastung des Hängegurtes wurde mit $w_2(x)$ bezeichnet und greift je zur Hälfte an beiden Kabeln an. Infolge der Schrägstellung der Hängestangen üben diese auf Windverband und Kabel seitliche Kräfte $s(x)$ von zunächst unbekannter Größe und Verteilung aus. $s(x)$ sei positiv, wenn es am Windverband entgegen den Lasten $w_1(x)$ wirkt.

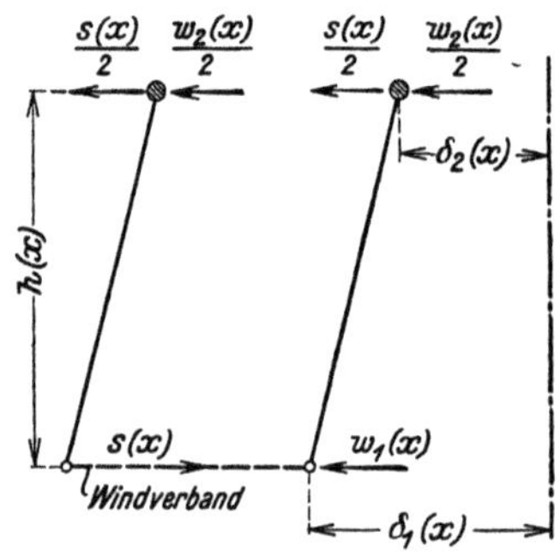

Abb. 45.

Die Biegelinie des Windverbandes infolge der Belastung $w_1(x) - s(x)$ wird mit $\delta_1(x)$, jene der beiden Kabeln infolge der Belastung $w_2(x) + s(x)$, mit $\delta_2(x)$ bezeichnet. Aus der Länge der Hängestangen $h(x)$ und der Kraft $z(x)$, welche in den Hängestangen einer Tragwand infolge der lotrechten Lasten wirkt, ergibt sich

$$s(x) = 2\,z(x)\,\frac{\delta_1(x) - \delta_2(x)}{h(x)}. \quad . \quad (123)$$

Der Faktor 2 rührt daher, daß $z(x)$ die Hängestangenkraft auf einer Seite ist.

Bis zu diesem Punkte waren die Überlegungen vollkommen streng. Jetzt führen wir die folgenden Näherungsannahmen ein:

1. Die Biegelinien $\delta_1(x)$ und $\delta_2(x)$ werden als Sinuslinien

$$\left.\begin{aligned} \delta_1(x) &= \delta_1 \sin\frac{\pi x}{l}. \\ \delta_2(x) &= \delta_2 \sin\frac{\pi x}{l} \end{aligned}\right\} \quad . \quad . \quad . \quad . \quad . \quad . \quad . \quad . \quad . \quad . \quad (124)$$

angesehen, wobei l die Spannweite des Windträgers ist.

2. Bei Berechnung der Kraft $z(x)$ in den Hängestangen soll die Änderung der Kabelform infolge der Belastung mit der Nutzlast vernachlässigt werden, so daß

$$z(x) = -H\,y''(x) = \frac{H}{H_g}\,g(x) \quad . \quad . \quad . \quad . \quad . \quad . \quad . \quad . \quad (125)$$

ist, wobei $g(x)$ das Eigengewicht bedeutet. Bei Hängebrücken von weniger als 400 m Spannweite, die wir hier im Auge haben, ist diese Vernachlässigung bei Berechnung von $z(x)$ unwesentlich.

Die Einführung dieser Annahmen in Gl. (123) ergibt

$$s(x) = 2\,\frac{H}{H_g}\,(\delta_1 - \delta_2)\,\frac{g(x)\sin\frac{\pi x}{l}}{h(x)} = 2\,\frac{H}{H_g}\,(\delta_1 - \delta_2)\,\bar{s}(x), \quad . \quad . \quad (126)$$

wobei zur Abkürzung die Funktion

$$\bar{s}(x) = \frac{g(x) \sin \frac{\pi x}{l}}{h(x)} \quad \ldots \ldots \ldots \ldots \quad (127)$$

eingeführt wurde.

Die Größen δ_1 und δ_2 sind gemäß Gl. (124) die seitlichen Verschiebungen vom Windverband bzw. Kabel in Brückenmitte infolge der Belastung $w_1(x) - s(x)$ bzw. $w_2(x) + s(x)$. Wenn δ_{1w} bzw. δ_{1s} die waagerechte Durchbiegung des Windverbandes in Brückenmitte infolge Belastung mit der Last $w_1(x)$ bzw. mit der Last $\bar{s}(x)$ allein ist und wenn die Kabel sich bei Belastung mit $w_2(x)$ bzw. $\bar{s}(x)$ um δ_{2w} bzw. δ_{2s} verschieben, so bestehen, wenn man Gl. (126) beachtet, die beiden Beziehungen

$$\left.\begin{aligned} \delta_1 &= \delta_{1w} - 2 \frac{H}{H_g} (\delta_1 - \delta_2)\, \delta_{1s}, \\ \delta_2 &= \delta_{2w} + 2 \frac{H}{H_g} (\delta_1 - \delta_2)\, \delta_{2s}. \end{aligned}\right\} \quad \ldots \ldots \ldots \quad (128)$$

Diese beiden Gleichungen gestatten bereits die Ausrechnung von δ_1 bzw. δ_2, da alle anderen darin vorkommenden Größen δ_{1w}, δ_{1s}, δ_{2w}, δ_{2s} bekannt sind. Subtrahiert man die beiden Gl. (128) voneinander, so läßt sich der Wert von $\delta_1 - \delta_2$ unmittelbar ausrechnen:

$$\delta_1 - \delta_2 = \frac{\delta_{1w} - \delta_{2w}}{1 + 2 \frac{H}{H_g} (\delta_{1s} + \delta_{2s})}. \quad \ldots \ldots \ldots \quad (129)$$

Zur Berechnung von $s(x)$ nach Gl. (126) benötigt man nur die soeben gefundene Differenz von $\delta_1 - \delta_2$, so daß die Aufgabe gelöst erscheint.

Für die Zahlenrechnung nehmen wir die Windlasten $w_1(x)$, $w_2(x)$ und die Seitenkräfte $s(x)$ und $\bar{s}(x)$ nicht als verteilte Lasten, sondern als Einzelkräfte an und bezeichnen die zum Knoten k gehörigen Größen mit W_{1k}, W_{2k}, S_k bzw. $\bar{S}_k$. Es gelten dann die Verknüpfungen

$$S_k = 2 \frac{H}{H_g} (\delta_1 - \delta_2)\, \bar{S}_k, \quad \ldots \ldots \ldots \quad (130)$$

$$\bar{S}_k = G(k) \frac{\sin \frac{\pi x_k}{l}}{h(k)}. \quad \ldots \ldots \ldots \ldots \quad (131)$$

x_k ist der Abstand des k-ten Knotens vom Auflager, $G(k)$ die Eigengewichtsknotenlast. Die Durchbiegungen δ_{1w} und δ_{1s} des Windverbandes in Brückenmitte infolge der Belastung W_{1k} bzw. $\bar{S}_k$ sind nach den in der Baustatik üblichen Methoden zu bestimmen. Die Verschiebungen δ_{2w} und δ_{2s} berechnet man sehr rasch, da diese Verschiebungen gleich den durch den Horizontalzug $2\,H$ (in beiden Kabeln) geteilten Momente der Lasten W_{2k} bzw. $\bar{S}_k$ sind. Das folgende Beispiel zeigt den gesamten Rechnungsgang bei einer einfeldrigen Hängebrücke.

Bei dreifeldrigen Hängebrücken ist diese Rechnung für das Mittelfeld in gleicher Weise durchzuführen, für die Außenfelder ist die Beeinflussung des Windverbandes durch das Kabel nur geringfügig und daher zu vernachlässigen.

Es sei ausdrücklich betont, daß das dargelegte Näherungsverfahren auch bei unsymmetrischer Verteilung der Windlasten W_{1k} praktisch ausreichend genaue Ergebnisse liefert.

3. Zahlenbeispiel.

Es soll die Verteilung der Windkräfte bei einer einfeldrigen Hängebrücke von $l = 240$ m Spannweite ermittelt werden. Die Entfernung der beiden fachwerkartigen Versteifungsträger sei $b = 9{,}00$ m, die mittlere Fläche der Gurte sei $F_o = F_u = 247\ \text{cm}^2$. Das Eigengewicht sei $g = 5{,}40$ t/m betragen, der Horizontalzug $H_g = 1555$ t, die Nutzlast $p = 2{,}40$ t/m, die Entfernung der Hängestangen sei $e = 10{,}0$ m. Diese Annahmen sind so getroffen, daß sie mit den Angaben für die im ersten Beispiel auf S. 53ff. unter lotrechten Lasten berechneten Hängebrücke übereinstimmen.

Es soll nun die Windverteilung für die mit Eigengewicht und Nutzlast voll belastete Brücke bei einem Winddruck von $w = 150\ \text{kg/m}^2$ bestimmt werden. Die zugehörende Kettenkraft beträgt $H = 2240$ t. Die Windangriffsfläche des Versteifungsträgers und der Fahrzeuge sei $4{,}5\ \text{m}^2/\text{m}$, jene der beiden Hängegurte $1{,}0\ \text{m}^2/\text{m}$. Es ist daher

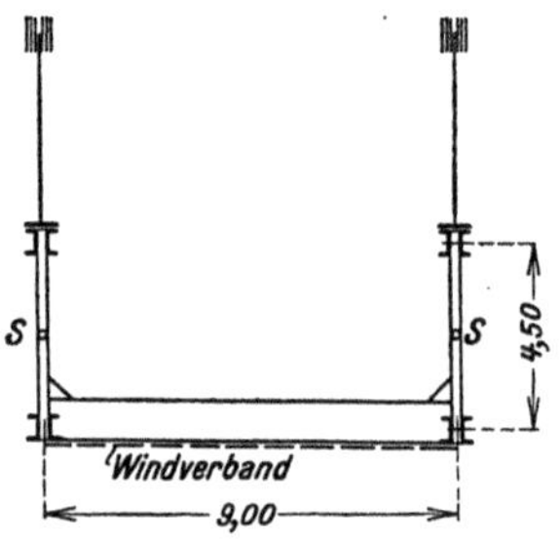

Abb. 46.

$$w_1 = 0{,}675\ \text{t/m}, \qquad w_2 = 0{,}150\ \text{t/m}.$$

Die Kippwirkung der Windlast w_1 im Bezug auf den gemeinsamen Schwerpunkt S der beiden Fachwerkgurte ist bei der Anordnung nach Abb. 46 so klein, daß sie sicherlich nicht berücksichtigt werden braucht.

Nach den unter 1. erhaltenen Ergebnissen sind beide Gurte des Fachwerkversteifungsträgers $F_o + F_u$ als wirksamer Windgurt anzusehen, obwohl nur ein unterer Windverband angeordnet ist. Das Trägheitsmoment des Windträgers ist daher

$$J_w = (F_o + F_u)\frac{b^2}{2} = (0{,}0247 + 0{,}0247)\frac{9{,}00^2}{2} = 2{,}00\,\text{m}^4.$$

Die Durchbiegung δ_{1w} des Windträgers infolge der gleichmäßig verteilten Windlast w_1 ist bei Vernachlässigung des Einflusses der Dehnung der Diagonalen

$$\delta_{1w} = \frac{5}{384}\,\frac{w_1 l^4}{EJ_w} = \frac{5 \cdot 0{,}675 \cdot 240^4}{384 \cdot 21 \cdot 10^6 \cdot 2{,}00} = 0{,}694\ \text{m}.$$

Die beiden Hängegurte zeigen unter der gleichmäßig verteilten Last w_2 eine Verschiebung

$$\delta_{2w} = \frac{1}{2H}\,\frac{w_2 l^2}{8} = \frac{0{,}15 \cdot 240^2}{16 \cdot 2240} = 0{,}241\ \text{m},$$

wobei für H der Wert 2240 t eingesetzt wurde.

Zur Bestimmung von δ_{1s} und δ_{2s} dient die nachfolgende Tafel a. Die Bezeichnung der Knoten 1 bis 12 ist die gleiche wie im ersten Beispiel auf S. 54. In Reihe 1 bis 4 ist die Berechnung von $\overline{S}_k$ nach Gl. (131) vorgenommen. Reihe 5 und 6 enthalten die Querkräfte und Momente, welche die Lasten $\overline{S}_k$ erzeugen. Um die seitliche Ausbiegung des Windträgers in Brückenmitte Punkt 12 zu berechnen, sind in Reihe 7 die Momente $\mathfrak{M}'_k$ vom Hilfsangriff $P = 1$ in Brückenmitte angegeben. Aus Reihe 8 wird dann mit Hilfe der bekannten Formel

$$\delta_{1s} = \int_0^l \frac{\mathfrak{M}(x)\,\mathfrak{M}'(x)}{EJ_w}\,dx \backsimeq \sum_{k=1}^{1'} \frac{\mathfrak{M}_k \cdot \mathfrak{M}'_k}{EJ_w}\,\Delta x = 0{,}540$$

δ_{1s} errechnet.

Aus der Reihe 6 kann auch die seitliche Verschiebung δ_{2s} des Kabels berechnet werden. Es gilt einfach

$$\delta_{2s} = \frac{\mathfrak{M}_{12}}{2H} = \frac{4009}{2 \cdot 2240} = 0{,}894.$$

Tafel a.

Reihe	1	2	3	4	5	6	7	8	9
k	$G(k)$	$h(k)$	$\sin \frac{\pi k}{24}$	$\overline{S}_k$	$\mathfrak{Q}_{k-1,k}$	$\mathfrak{M}_k$	$\mathfrak{M}'_k$	$\frac{\mathfrak{M}_k \mathfrak{M}'_k \Delta x}{E J_w}$	S_k
1	54,0	27,01	0,1305	0,26	46,04	460	5	0,0005	0,07 t
2	54,0	23,36	0,2588	0,60	45,78	918	10	0,0022	0,15 t
3	54,0	20,06	0,3827	1,03	45,18	1370	15	0,0049	0,26 t
4	54,0	17,11	0,5000	1,58	44,15	1812	20	0,0086	0,40 t
5	54,0	14,51	0,6088	2,27	42,57	2237	25	0,0133	0,58 t
6	54,0	12,25	0,7071	3,12	40,30	2640	30	0,0189	0,79 t
7	5,40	10,34	0,7934	4,14	37,18	3012	35	0,0251	1,05 t
8	54,0	8,78	0,8660	5,33	33,04	3342	40	0,0318	1,36 t
9	54,0	7,66	0,9239	6,51	27,71	3620	45	0,0386	1,66 t
10	54,0	6,59	0,9659	7,92	21,20	3832	50	0,0456	2,01 t
11	54,0	6,17	0,9914	8,78	13,28	3964	55	0,0520	2,23 t
12	54,0	6,00	1,0000	9,00	4,50	4009	60	0,0573	2,29 t

Der Faktor 2 ist einzuführen, da auf ein Kabel nur die Hälfte der Lasten $\overline{S}_k$ entfällt.

Jetzt kann nach Gl. (129) bereits $\delta_1 - \delta_2$ bestimmt werden. Es ergibt sich

$$\delta_1 - \delta_2 = \frac{0,694 - 0,241}{1 + 2\,\frac{2240}{1555}\,(0,540 + 0,894)} = 0,0883 \text{ m}.$$

Daher ist nach Gl. (130)

$$S_k = 2\,\frac{H}{H_g}\,(\delta_1 - \delta_2)\,\overline{S}_k = 2\,\frac{2240}{1555}\,0,0883\,\overline{S}_k = 0,254\,\overline{S}_k,$$

welche Gleichung in Reihe 9 der Tafel a zur Berechnung der von den Hängestangen ausgeübten Seitenkräfte S_k diente. In Abb. 47 ist die Verteilung der Windlasten w_1 und w_2 auf Windverband und Hängegurt entlang der ganzen Spannweite $l = 240$ m dargestellt.

Bestimmt man das größte Moment und die größte Querkraft, welche die Lasten $W_1 - S_k$ im Windträger erzeugen, so ergibt sich

$$\max M_w = 3840 \text{ tm},$$
$$\max Q_w = 69,3 \text{ t},$$

während sich bei Vernachlässigung der Wirkung des Kabels

$$\max M_w = 4860 \text{ tm},$$
$$\max Q_w = 81,0 \text{ t}$$

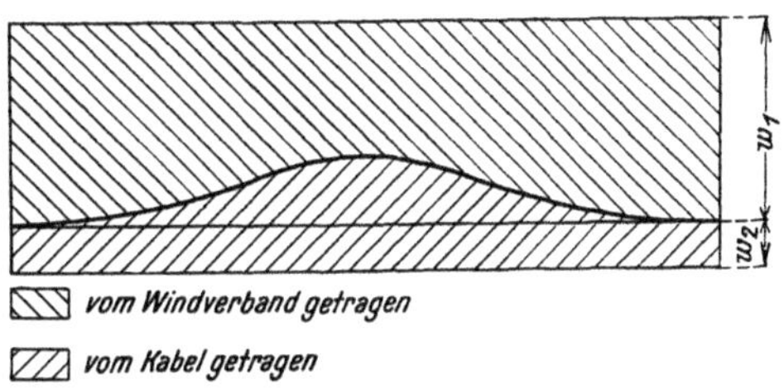

Abb. 47.

ergeben hätte. Die Unterschiede betragen daher in diesem Falle 21% bzw. 14%. Das gefundene Größtmoment $M_4 = 3840$ tm erzeugt in Brückenmitte eine Wind-Gurtkraft

$$\frac{M_w}{b} = \frac{3840}{9,00} = 426,7 \text{ t}.$$

Diese Kraft wird von beiden Gurten des Versteifungsträgers aufgenommen. Die Spannung σ_w beträgt daher

$$\sigma_w = \frac{426,7}{F_o + F_u} = \frac{427,7}{2 \cdot 247,0} = 0,863 \text{ t/cm}^2.$$

σ_w ist zu der von der Nutzlast in Brückenmitte erzeugten Spannung σ_p zu addieren.

Manzsche Buchdruckerei, Wien IX.

Theorie und Berechnung der eisernen Brücken. Von Dr.-Ing. **Friedrich Bleich.** Mit 486 Textabbildungen. XI, 581 Seiten. 1924. Gebunden RM 37,50*

Das Werk ist eine außerordentliche Bereicherung des Schrifttums über eiserne Brücken, es ist ein Buch von überragendem, hochwissenschaftlichem Werte. Alle Ingenieure, die sich mit dem Entwerfen eiserner Brücken zu befassen haben, sollten es eifrig studieren. Seine Kenntnis ist aber namentlich für alle Ingenieure, die an leitender Stelle Entwürfe eiserner Brücken zu überwachen haben, unbedingt notwendig; das Buch wird sie in den Stand setzen, richtig zu beurteilen, wie weit sie zugunsten der Sicherheit oder Wirtschaftlichkeit bei den Berechnungen in die verfeinerten Rechnungsarten eindringen müssen. *„Die Bautechnik“*

Sieben- und mehrstellige Tafeln der Kreis- und Hyperbelfunktionen und deren Produkte sowie der Gammafunktion nebst einem Anhang: Interpolations- und sonstige Formeln. Von Professor **Keiichi Hayashi.** VI, 284 Seiten. 1926. RM 45,—; gebunden RM 48,—

Eiserne Brücken. Bearbeitet von Baurat Dr.-Ing. e. h. **Karl Bernhard,** Berlin. Mit etwa 700 Abbildungen im Text und 13 Tafeln. XIV, 545 Seiten. 1911. Gebunden RM 16,—*

W **Bericht über die II. Internationale Tagung für Brückenbau und Hochbau** in Wien, 24. bis 28. IX. 1928. Im Auftrage des Tagungsausschusses herausgegeben von Dr.-Ing. **Friedrich Bleich.** Mit 597 Textabbildungen. VII, 790 Seiten. 1929. RM 36,—

Der Eisenbau. Von Professor **Martin Grüning,** Hannover. Erster Band: Grundlagen der Konstruktion, feste Brücken. (Handbibliothek für Bauingenieure, IV. Teil, Band 4.) Mit 360 Textabbildungen. VIII, 441 Seiten, 1929. Gebunden RM 24,—

Der Eingelenkbogen für massive Straßenbrücken. Eine statisch-wirtschaftliche Untersuchung. Von Dipl.-Ing. Dr. sc. techn. **Ernst Burgdorfer.** Mit 51 Abbildungen im Text und 10 Tafeln. VII, 160 Seiten. 1924. RM 7,50*

Theorie und Berechnung vollwandiger Bogenträger bei Berücksichtigung des Einflusses der Systemverformung. Von Dr.-Ing. **Bernhard Fritz.** Mit 75 Textabbildungen. VI, 143 Seiten. 1934. RM 12,—

Brückenbauliche Sonderhefte aus der Zeitschrift „Der Bauingenieur“.

Eisenbetonbogenbrücken für große Spannweiten. Von Professor **H. Spangenberg,** München. Mit 35 Abbildungen. 17 Seiten. 1924. RM 1,50*

Die Entwürfe für weitgespannte Gewölbe bei dem Wettbewerb Moselbrücke Koblenz. Von Professor **H. Spangenberg,** München. Mit 36 Abbildungen. 20 Seiten. 1928. RM 2,—*

Ergebnis des Ideenwettbewerbes für die drei Rheinbrücken bei Mannheim-Ludwigshafen, Speyer und Maxau. Von **Wilhelm Weyher,** Reichsbahnbaumeister, Berlin. Mit 114 Abbildungen. 40 Seiten. 1929. RM 3,60*

Der Wettbewerb um den Entwurf der Friedrich-Ebert-Brücke über den Neckar in Mannheim. Von Baurat Dr.-Ing. e. h. **Karl Bernhard,** Berlin. Mit 81 Textabbildungen. 28 Seiten. 1925. RM 3,—*

Die Eisenbahn-Elbbrücke in Meißen. Von Reichsbahnrat **Julius Karig,** Reichsbahndirektion, Dresden. Mit 53 Abbildungen im Text und auf einer Tafel. 20 Seiten. 1926. RM 2,40*

W = *Verlag von Julius Springer-Wien.* * *Abzüglich 10 % Notnachlaß.*